〔英〕Garik Markarian　　〔英〕Andrew Staniforth　著

无人机的对抗策略

主　译　王　雷　胡振彪
副主译　左洪浩　陈明建
译　者　史英春　吴晨曦　朱　琳
　　　　陈怀进　吴付祥　陈　林

U0190023

中国科学技术大学出版社

安徽省版权局著作权合同登记号:第 12222055 号

First published in English under the title *Countermeasures for Aerial Drones* by Garik Markarian, Andrew Staniforth, edition:1©Artech House, Inc., 2020

图书在版编目(CIP)数据

无人机的对抗策略/(英)加里克·马卡里安(Garik Markarian),(英)安德鲁·斯坦尼福斯(Andrew Staniforth)著;王雷,胡振彪主译. —合肥:中国科学技术大学出版社,2024.4
ISBN 978-7-312-05929-2

Ⅰ. 无… Ⅱ. ① 加… ② 安… ③ 王… ④ 胡… Ⅲ. 无人驾驶飞机 Ⅳ. V279

中国国家版本馆 CIP 数据核字(2024)第 058474 号

无人机的对抗策略
WURENJI DE DUIKANG CELÜE

出版 中国科学技术大学出版社
安徽省合肥市金寨路 96 号,230026
http://press.ustc.edu.cn
https://zgkxjsdxcbs.tmall.com

印刷 安徽省瑞隆印务有限公司

发行 中国科学技术大学出版社

开本 710 mm×1000 mm 1/16

印张 11.25

字数 225 千

版次 2024 年 4 月第 1 版

印次 2024 年 4 月第 1 次印刷

定价 66.00 元

译 者 序

  无人机技术及应用正处于飞速发展阶段,这给世界带来了重大变化,同时也引发了一系列新的安全风险,如何有效应对是目前摆在监管者面前的一道难题。为了应对这种情况,加里克·马卡里安(Garik Markarian)和安德鲁·斯坦尼福斯(Andrew Staniforth)从无人机所造成的各种威胁形势分析入手,系统地介绍了无人机技术的发展,探讨了反无人机的技术和系统,介绍了目前欧洲反无人机领域最新监管政策及相关实践,提供了专业的指导建议。

  这本书的两位作者中,加里克·马卡里安是英国兰开斯特大学名誉教授,同时也是Rinicom公司的总裁和创始人。该公司是设立在英国的一家中小型企业,致力于为安全、军事及现场处置等应用提供智能解决方案。在其漫长的职业生涯中,他成功地将学术研究成果转化为实用的应用成果。他主持了多个专项委员会,为DVB-DSNG,DVB-S(2),DVB-RCS,IEEE802.16a/d/e/m以及EUROCAE标准提供了技术支撑,为标准的建立作出了积极的贡献。加里克·马卡里安教授曾担任英国工程技术学会(IET)通信专业委员会主席,是英国政府新兴技术测量咨询委员会成员,与他人合著并发表了400多篇论文和出版物,并获得了42项国家(美/英)和国际专利。

  安德鲁·斯坦尼福斯是Saher-Europe公司的创新总监,该公司是一家安全研究和培训咨询公司,业务范围覆盖全球。作为国际安全和创新专家、前特别处情报官员和反恐警探,他为联合国预防恐怖主义分支机构的任务提供支持。作为一名合格的教官,他设计了国际多机构安全演习计划,并为来自世界各地的高级警察指挥官们提供培训。作为高级研究员和访问学者,他曾在领先的研究机构担任学术职务,作为作者、合著者、编辑或共同编辑,参与了许多与安全相关的书籍出版。他领导Saher-Europe公司协调参与了政府开展的探测、评估、压制和识别(DENI)反无人机培训计划。他还担任欧盟委员会网络安全与灾难恢复安全研究和创新计划的评估专家,并且是国防、安全和警务杂志的定期撰稿人。

因此,这本书可以算是当前国际上针对日益增长的无人机威胁的较为深入的理论著作。他山之石,可以攻玉,希望本书能为广大读者在应对相关问题时提供参考。

在翻译过程中,译者尽可能准确地表达原作思想,但限于译者水平,书中难免存在翻译不当之处,敬请读者批评指正。

译 者

2023年10月于合肥

前　　言

目前,无人机技术的飞速发展主导了飞行的未来。无人机在民用领域的应用与军事应用一样,体现出安全、高效、成本低、效益好的优势,具有广泛的吸引力。

然而,无人机的各种优势也被用于邪恶目的,帮助犯罪、支持恐怖主义的事件不断增加,引发了一系列重要问题,诸如如何有效应对滋事无人机,以及这种曾经的创新性技术现在是如何变成绝对危险的。无人机为具有敌意的操作人员提供了一种新的战术策略,其原因很明显,由于可以隐匿地远程操控,操作人员几乎没有被发现或起诉的风险;可以廉价而容易地获得无人机,而且它们的操作简单安全;无人机可以单独使用,也可以成群使用,造成毁灭性的影响。因为恐怖分子、极端分子和犯罪分子正在利用无人机技术,不断开发出新的、复杂的、具有创造性的犯罪方式和恐怖主义行动方法,无人机的非法使用现已成为全世界非常紧迫的安全问题。

所有的对保护有价值数据、保护民众隐私、维护安全稳定和民生福祉负有责任的机构现在都需要做好充分准备,配备适当的装备,才可以应对各种滋事无人机的危害。作为反无人机对策的一个组成部分,充分了解无人机威胁的复杂性就变得十分重要,这决定了应对无人机威胁的成功与否。在与防务和安全无人机探测领域的专家和领先的执法机构进行联合研究和创新的基础上,本书的主要目的是让大家认识到,制定连贯的反无人机策略,不仅要了解无人机构成的威胁和风险以及相关监管政策的知识,还要采购和部署适当的设备,并将设备与现有安全机构的行动模式和概念中的实用应对措施有效结合。

本书从4个方面出发进行了论述：

首先，本书分析了复杂的无人机威胁形势，特别关注了犯罪分子和恐怖分子对无人机的使用，还探讨了无人机所带来的新兴网络安全威胁。

其次，本书重点介绍了无人机技术的发展，并对现有无人机分类和主要部件进行了详细介绍。这部分还从反无人机的角度分析了无人机，找出了各种无人机的优缺点，并推荐对应的最有效对抗措施。

然后，本书探讨了反无人机技术和系统，不仅介绍了反无人机系统所采用的综合方法，还介绍了探测和压制组件。我们详细介绍了各种探测传感器，并展示了目前市场上最好的系统实例，强调了在设计指挥控制平台时人工智能的重要性，并提出了适用于各种作战场景的通用反无人机压制链。

最后，本书对反无人机的策略进行了审查和解释，包括对监管政策的介绍以及对反无人机业务培训的分析，同时还介绍了最新的研究计划，其旨在推动无人机和无人机探测技术发展超越当前技术水平。

总之，本书对反无人机的挑战、优先事项、技术、新兴趋势和最佳实践等方面进行了连贯而全面的分析。此外，用具有独特行业见解的案例研究充实了全书的内容，提供了保障设计、研制和交付有效的反无人机政策、实践和程序所需的知识。鉴于对无人机威胁的担忧日益增加，现在必须采取积极措施，明确最有效的解决方案，以防止敌对无人机入侵。本书为所有专业人士、政策制定者和从业人员提供专家指导和建议，以期能够有效组织应对来自滋事无人机的正变得越来越复杂和咄咄逼人的各种威胁。

加里克·马卡里安

安德鲁·斯坦尼福斯

2020年12月

目　　录

第1章 无人机威胁概览

1.1 引　　言

　　社会变革和技术创新的持续加速,引起社会快速激烈的变化。这些变化源于不断涌现的新技术所带来的各种可能性,这影响到政府、企业及每一位民众。无人机(UAV),作为航空业的新参与者,正迅速地超脱其军事应用的局限,成为广泛应用的商业工具,让天空更加开放[1]。无人机,作为当代颠覆性技术的代表,带来了开创性的发展,在世界范围内极大地改变了消费及工商业的运营方式[2]。因为在多种属性上都具有明显的优越性,无人机的应用已经席卷了各传统领域。无人机正在不断走进我们的工作和生活,从应急服务到建筑领域再到石油天然气行业,在各方面都发挥着越来越重要的作用。然而,商业无人机的应用,从初期的兴趣爱好上升到无处不在的商业工具,呈现出爆发式增长态势,这表明目前仍处于(事物发展的)初级阶段。当今各国政府和机构都面临着更加高效、环保、创新的压力,如何更好地提供服务,无人机提供了新的独特视角。无人机可以在人类难以到达的地方快速准确地采集数据,近似实时地创建一条唯一的记录。这在成本管理、风险控制、提高安全性和结果干预等方面可以起到至关重要的作用。

　　无人机的激增表明,作为一种颠覆性的技术创新,它将继续在全球范围内以指数级的速度不断发展。在提高作物产量、使高危的工作更安全以及充当偏远居民的生命线等领域,无人机已经被证明行之有效。自主驾驶系统有可能彻底改变当今旅客和货物的运输方式,支持全新的支付经济社会,具有深远的影响。与此同时,这项新技术也正在被那些怀有恶意的人所掌握,用于实现他们的不法目的,由此也伴生出一个新的行业——反无人机和探测无人机行业,以保护公众不受伤害。不幸的是,在不法分子手中,无人机不仅具有破坏、摧毁、扰乱的能力,而且当恐怖分子将其用于他们的战术行动时,无人机还具有进行致命一击的能力。因此,本章将研究伴随无人机使用面兴起的无人机在全球范围内对公共安全和国家安全构成的现实威胁和未来风险。

1.2　飞行的未来

很明显,因为可以远程操作,无人机给所有领域都提供了一个新的、令人兴奋的机会;它们对操控者来说几乎没有风险;它们很容易获得;操作简单、安全;与其他传统运输方式相比,令人印象深刻的是,它们能减少各种排放尤其是碳排放量,更环保。无人机激增的关键因素仍然是商用无人机的性价比更高。随着无人机数量的激增和可靠性的提高,无人机的平均单价降得更低;无人机也被加速部署到制药行业供应链物流的关键环节,如将新鲜血浆和急需的药物运送到以其他运输方式无法到达的偏远地区。无人机还证明了其在医疗和应急服务领域的勘察和运输方面的价值,同时还可直接应用于消防和救援行动。在农业领域,无人机被用于灌溉分析,绘制作物收成图,并可结合红外或其他技术手段进行作物苗情监测。然而,其对日常商业运作的最大影响将是越来越多地使用无人机派送包裹。

行业预测人士认为,到2030年,送货无人机可能会成为新的常规应用[3],大型零售和物流公司基于增效降耗、提高满意度的目的会投资这一领域。亚马逊公司正在对无人机派送系统Prime Air进行持续投资,这是会在将来使用的一种派送系统,旨在利用小型无人机在30分钟或更短时间内将2.5 kg以下的包裹安全交付给客户。尽管亚马逊公司已能为数百万客户提供快速包裹递送服务,但Prime Air系统在提升服务方面仍具有巨大潜力。由于安全性具有关键优先级,所以Prime Air飞行器在制造中使用了高级的"感知和避免"技术[4],提供了多项冗余。系统开发中心遍布美国、英国、奥地利、法国和以色列等国,无人机正在多个国际地点进行持续地测试评估,并不断收集数据,以期提高系统以及操作方式的安全可靠性[4]。当下述两个条件同时得到满足时,亚马逊打算在这些地点部署Prime Air系统:一是需具备足够的监管措施,可以实现小型无人机在空域内的有效合作;二是需同时与监管者和无人空中交通管理系统的设计厂商合作,建立无人空中交通管理(UTM)系统,用于识别谁在操控哪架无人机,无人机在哪里飞行以及判断它们是否遵守了相关操作要求[4]。

对派送无人机的关注也不局限于客户物流的"最后一公里",在物流仓储中它也能大显身手。它可以通过扫描库存程序自主进行实时库存检查[3],这将与其他端到端管理的地面自主仓库机器人无缝集成,同时与由人工智能驱动的动态库存无缝衔接。派送无人机还可以与其他技术相结合,例如,以无人驾驶车辆进行运输,由仓库中的机器人装载包裹,在接近最有效的交货点时自动派遣多架送货无人机。

这时无人车将作为无人机的基站,根据需要提供充电和有效载荷交换服务。这种情况的出现可能仍需要几年的发展,因为目前在技术和监管方面仍然存在一些难题,例如,完全自主的无人飞行超视距时如何监管等。尽管如此,无人机不断增长的使用需求仍将给无人机派送以及更广泛的物流供应链带来革命性变化[3]。

除了作为运载工具的无人机之外,还有一项特殊服务将最终成为它们的主要贡献:充当应对气候变化影响的缓解力量。无人机现在几乎无所不能,例如可以阻止蜂群数量的减少、减少碳排放、跟踪野生动物种群变化和收集水样等[5]。也许无人机帮助应对气候变化最显著的方式就是协助数据收集。无人机可以前往人们无法轻易到达的地方,从而降低研究成本,提高数据收集的准确性。研究人员已经使用无人机测量了地表反射率,记录了地表反射和吸收的太阳能[6],这种测量对于理解气候变化至关重要。无人机还可以帮助造林规划者确定在哪些地点植树以获得最大的气候效益。过去通常利用卫星收集这些信息,但无人机具有更灵活的优势。无人机也是收集空气质量信息、监测野生动物的数量和活动以及计算毁林率等的理想工具。以这种方式收集数据还可以提高研究人员的安全性,因为直升机和小型飞机坠毁是野生生物学家因公死亡的主要原因[7]。

在支持公共卫生安全行动方面,无人机也被证明是行之有效的。2020年,在新冠病毒肺炎疫情最严重的时候,为了执行新的紧急职责,有效防止公众聚集,促进保持社交距离,世界各地的警方均使用了经过特殊改装的无人机。英国警察在学习了其他地区关于公共封控管理、检疫隔离和实施宵禁的经验之后,决定根据需要使用他们现有的无人机来辅助执行这些任务。北安普敦郡警察局长尼克·阿德雷说,他计划将警队的无人机数量从2架增加到8架,无人机向公众传递信息更经济高效,同时可以保护他的警员们免受病毒感染[8]。

这些改装无人机配备了扬声器,以便向公众发送信息,提供更新的健康警告,协助执行新的紧急职责。继中国、西班牙、比利时和法国之后,英国也考虑使用警用无人机防止新冠病毒的传播。为了监控封控区居民的运动轨迹,意大利警方使用了传统的警用闭路电视、路障、检查站,并加大了巡逻密度[9],但仍疲于应付。在向意大利民航局提交了相关申请后,意大利警方已获准使用无人机来执行此项任务。美国加利福尼亚丘拉维斯塔警察局还将配备摄像头和扬声器的无人机用于监视因新冠疫情的停业,为此他们将机队的规模翻倍,同时配备了新规格的夜视摄像头。美国无人机初创公司Impossible Aerospace的总裁Spencer Gore介绍道,他为了给(忙于)应对新冠疫情的美国执法机构提供更多的无人机而努力地工作着[10]。警方使用无人机来执行政府的应急职责,防止新冠疫情传播,是又一项伟大创举。无人机用途广泛,疫情期间被用来保护公共安全,拯救民众生命。

随着无人机的使用不断增加,无人机的尺寸越来越大,种类也迅速增长。无人机的快速发展既包括了类似于优步的可在城市内自主运送乘客的无人机的开发，也包括在无人机的尺寸、规模和有效载荷等方面的提升。无人机产能和能力的不断提升创造了一个极具潜力的市场，有助于进一步加快和扩大无人机以及相关技术和系统的创新。各行业无人机使用量的快速增加，有助于实现业内对无人机市场未来增长的预测。业内曾经预测全球商业无人机年销售额将在2020年达到5亿美元规模，但仅2015年的销售额就超过了这一规模[11]。新修订的预测认为全球无人机销售总额在2021年将超过120亿美元[12]（事实上2022年全球无人机市场规模超过300亿美元）。针对2020年消费者、商业应用、商业法规和商业机遇的研究发现，无人机的低价位显著降低了许多行业的进入门槛。在美国，商用无人机市场的预计增幅将从2020年的8.5亿美元上升到2022年的10亿美元，仅能源业预计到2022年将增长到3000万美元左右[13]。美国无人机市场的最大份额将来自于各政府部门，预计到2022年将达到4.2亿美元[13]。在英国，业界预测，到2030年英国将有76000架无人机投入使用，这些作为预期的无人机技术产业的一部分，具有在未来10年内给英国GDP带来增长420亿美元（2%）的潜力。英国政府在2019年公布的反无人机战略，强化了对预期增长的认识，重申无人机具有带给英国巨大利益的潜力，认为无人机自主水平的提高将增加其在各个领域的使用[14]。

关于家用无人机市场的增长预期，不仅适用于英、美、欧盟各国，也适用于全球各国。目前，无人机技术的发展主导着飞行的未来，即使排除预测中人工通胀的因素，业界一致预测无人机正在走向商业界的新高度。一些行业预测人士还表示，无人机所带来的完全经济潜力可能是目前所估计数字的数倍，因为当无人机进入一个新领域时所造成的节能增效会在经济中产生连锁反应，带来持续广泛的影响[15]。安全性、效率和性价比等因素引起军方格外的关注，也使得无人机在满足商业需求和实现国内政府职能中具有广泛的吸引力。然而，到目前为止，无人机行业的快速发展已经超过了其适用的监管规则和系统的发展，导致威胁日益严重，成为一个涉及公共安全和国家安全的主要问题。目前无人机操控人员包括业余发烧友和具有执业资格的人员两类，与日俱增的无人机使用引发的事件种类越来越多，小到扰乱公共秩序，大到对国家安全产生重大威胁。无人机的不当使用，包括狗仔队的滥用侵犯个人隐私等诸多行为，让人觉得受到了骚扰，感到了不安，引发了忧虑，产生了一系列社会不满情绪。无人机操控人员不正当地使用无人机，或者失控，或者不遵守法规，这两种情况都证明对第三者的风险评估不当，导致行人受到不必要的伤害以及完全可以避免的车辆和财产损失。与日俱增的无人机使用还导致世界多国的警察被卷入到涉及无人机的事件和事故中，更令人担忧的是，无论是网购还是直接从商店购买，涉及这些自购的无人机的犯罪案件增加了四倍[16]。执法人员已自行对因滥用无人机而引发的事件进行了分类，其原因要么是操控人员的无知、粗心，要么是犯罪的故意行为。

2015年1月26日凌晨3点,位于美国华盛顿特区的白宫发生了一个误用无人机的例子,该事件造成的意外后果产生了深远影响。当时一名政府情报官员下班醉酒后在美国总统官邸附近的公寓操纵朋友的四旋翼无人机时,无人机失控,不知所踪[17]。这名美国国家地理空间情报局官员给他的朋友发短信,担心无人机可能降落在白宫的地面上,然后就睡着了[18]。直到第二天早上,当他醒来并从朋友那里得知在白宫发现了一架无人机时,他才联系了他的上级并与特勤局合作,特勤局立即开始调查这起事件。在称之为醉酒事故的过程中,这名官员设法在白宫的雷达监视下操纵他朋友的无人机,给白宫建筑群的安全防护带来重大尴尬[17]。事件发生后不久,无人机制造商发布了该型号的固件更新,以防止其在白宫25 km半径范围内飞行[19]。惹麻烦的无人机操控人员并没有受到任何刑事指控,因为调查显示,在坠机前,无人机处于失控飞行状态[20]。这起白宫无人机入侵事件反映出当无人机使用者怀有敌意时,就会引发重大安全问题。

1.3　来自飞机的警报

航空设施,尤其是大型机场,作为标志性建筑引人注目,对恐怖分子和参与重大有组织犯罪的人来说,是一个有吸引力的目标。使用无人机进行攻击或恶意扰乱可能会在安全、安保和经济上带来严重的后果。2014年7月22日,一架在伦敦希思罗机场准备降落的空客A320报告,在飞行高度700 ft(约213.4 m)时,看见了一架直升机式无人机[21]。英国民航局(CAA)证实,一架不明身份的无人机险些撞上了这架载有180名乘客的商用飞机,这起事件达到了"严重碰撞危险",是英国民航局所能评估的最高危险等级[21]。调查人员没有找到这架无人机,它没有出现在空中交通管制雷达上,在遭遇客机后很快就消失了。这起险些相撞的事件之后,世界各地又报道了一系列无人机引发的事件,包括2016年在阿联酋发生的3起独立事件,导致了迪拜和沙迦国际机场的临时关闭[22]。机场关闭属于严重事件,导致每小时损失数亿迪拉姆,扰乱了几十架航班的正常飞行,并给数千名乘客带来不便,所有这一切仅是因为在机场限制区内发现了无人机[22]。在机场附近非法使用无人机的报道持续增加,而且受到滋事无人机入侵困扰的不仅仅是民用航空。

2017年9月,美国国家运输安全委员会(NTSB)宣布正在调查一起发生在纽约的一架娱乐无人机与一架陆军UH-60直升机之间的碰撞事件[23]。美国国家运输安全委员会是一个独立的联邦机构,负责调查、确定与运输有关的事故起因,该机构透露，一架无人机与直升机相撞[24]。陆军直升机的主旋翼桨叶、窗框和传动甲板受损。调查人员通过从直升机上发现的小型无人机的发动机和杆状残骸，确定了该无人机的型号[23]，并最终确定了这架无人机的操作员，随后对其进行了讯问。操作员提供了这起事故无人机的飞行数据记录。几周后的10月份，又发生了一起严重的无人机事件，一架无人机在加拿大与一架商用飞机相撞，这是该国首次发生此类事件[24]。一架由包机航空公司 Skyjet 运营的商用飞机在魁北克市让·莱萨奇国际机场准备降落时，它的一个机翼撞上了一架无人机[24]。事件发生时，飞机上有6名乘客和2名机组成员[25]。尽管此前加拿大当局宣布过新的安全措施，规定在机场5.5 km范围内驾驶娱乐无人机是非法的，并将无人机的飞行高度限制在90 m以内，但这次无人机飞行高度远远超过了法律的规定，其撞上了在地面上方约450 m处盘旋的飞机[26]。加拿大的无人机碰撞事件作为2017年和2018年滋事无人机侵扰各大机场的一个代表案例，其特点是在多数情况下只有一个操作员操控一架无人机，对这起孤立事件负有责任。而伦敦盖特威克机场发生的事件将极大地改变对滋事无人机入侵的威胁分析方式。

2018年12月19日晚9点，盖特威克机场当局收到两架无人机在机场附近飞行的报告之后，暂停了进出机场的航班[27]。一些即将进港的飞机被安排转场至其他机场，直到次日凌晨3点，机场被认为安全后才重新开放，但在仅仅45分钟后，即凌晨3:45，在又收到一系列的无人机目击报告后，跑道被迫再次关闭[27]。当天上午晚些时候，苏塞克斯警方透露，这次在机场附近的无人机飞行是蓄意扰乱机场的行为，但与恐怖主义无关。由于机场在12月20日下午仍处于关闭状态，机场首席运营官克里斯·伍德罗夫宣布，当天将有11万名乘客的出行计划被取消或中断[27]。当天下午，英国国防部警察透露，他们正在与军队进行"持续的讨论"，寻求其协助寻找无人机并保护机场，使其能够安全地重新开放。同一天晚些时候，大约下午6点，伍德罗夫透露，在最近1小时内仍有持续的无人机活动，机场将在晚上的剩余时间继续关闭。同一天晚上9:30，随着机场继续关闭，苏塞克斯警察局的总警司杰森·廷利提供信息称，在过去24小时内，发生了50多起无人机目击事件，并透露了击落无人机是警方正在考虑的"战术选项"[28]。第二天清晨，盖特威克机场重新开放，有限的航班按计划安排有序地进出港[27]。

当军方应警方要求提供协助后，盖特威克机场的混乱终于结束了。英军使用了一种最新的以色列生产的反无人机系统化解了这场来自无人机的危机。这次事件毁了数千名乘客的圣诞节，并使航空业蒙受了数千万英镑的损失[29]。跑道上空一系列的无人机目击事件迫使这个英国第二大机场在3天内关闭了3次，导致14万名乘客滞留[29]。这是航空界自2010年冰岛火山大爆发产生大量火山灰以来所遭受最严重的打击，更令英国机场和安全部门难堪的是，这是在一个重要的国际机场发生的由无人机引发的最严重的破坏事件。在事件中向军方寻求帮助以保障民权的正式请求也证明了机场的安保及警察无法应对此次威胁,他们也找不到肇事者。虽然警方使用的技术通过追踪无人机帮助了此次行动,但盖特威克机场上空的滋事无人机似乎非常先进,使得警方使用的技术完全无效。为了消除无人机的威胁,军方使用了曾在海外冲突中对付恐怖分子的先进战场技术[30]。对于出行的民众来说,警方的反应令人沮丧,他们似乎被无人机操作员的精心策划所蒙骗。保障乘客安全仍然是机场的首要任务,当有可疑的未经许可的无人机在飞行空域活动时关闭该空域至关重要。苏塞克斯警察局行动指挥部负责人,助理局长戴夫·米勒说[31]:"这是一个严重的蓄意犯罪行为,危及机场的运营和乘客安全。与无人机发生碰撞会对飞行中的飞机造成重大损害,需要强调的是公众的安全始终是我们应对危机时考虑的首要问题。此次事件中没有飞机受损,也没有乘客受伤。这在警方和政府处于评估国内反无人机技术的早期阶段,对所有相关机构来说都是一种前所未有的情况。在动用了军方以及部分私人资产后迅速安装了相关设备,很快地平息了此次事端,机场得以重新开放。"事件中,47 岁的当地居民保罗·盖特和 54 岁的伊莱恩·柯克因涉嫌造成破坏而被捕,但在被拘留 36 小时后,他们在未受任何指控的情况下获释,称在搜查他们的住宅并泄露其身份后,他们受到了外界的侵犯[32]。他们发表声明之际,苏塞克斯警方正面临来自政府大臣们越来越多的批评,这些大臣指控是他们弄砸了盖特威克无人机事件的处理,交通大臣克里斯·格雷林暗示"错误"是苏塞克斯警察犯的。来自政府部长的批评主要围绕着他们在事件中所作的声明,其中关于无人机是否存在用了"可能性"一词,这就意味着也可能不存在这样的一架无人机,尽管后来有 67 份可信的关于无人机的目击报告[33]。尽管盖特的上级称其在滋事无人机飞行期间正在工作,苏塞克斯警察局长贾尔斯·约克仍为拘留盖特一段时间的决定进行了道歉[33]:"我真诚地为过去的这一阶段大家所经历的一切以及由此产生的被侵犯的感觉,向大家表示歉意。"

经过警方和航空管理局长达 9 个月的密集调查,尽管无人机在 3 天内出动了 12 次进行骚扰,每次的目击时间从 7 分钟到 45 分钟不等,但没有嫌疑人被绳之以法[25]。盖特威克原本混乱的局面因多起目击事件报告的相互矛盾而变得复杂起来,警察使用无人机则使情况变得更加复杂,这增加了当时以及在漫长的事后调查期间确认目击事件的复杂性。这起事件备受世界瞩目,引发了大量对于安全的担忧,人们觉得英国现有的旅行应急措施不足以保护关键基础设施免受滋事无人机的骚扰。在这起滋事无人机入侵事件中,当局未能有效防止威胁的发生,罪犯逍遥法外,这一切都令人遗憾地向今后的恐怖主义策划者以及其他敌对行动的参与者发出了提示,这就是攻击并瘫痪交通枢纽以及关键基础设施的有效方法。

2018 年圣诞节期间,伦敦盖特威克机场因无人机造成的停摆事件为全球航空业敲响了警钟——如何应对恶意无人机使用所带来的重大影响。事件中数十万人的旅行中断,造成了数千万英镑的经济损失[20]。该滋事无人机事件使盖特威克机场进出港航班中断达33小时,航空公司的损失估计约5000万英镑[34](这是根据廉价航空公司易捷航空公布的数据推算出来的,包括在停飞期间损失的1500万英镑收入以及付给旅客的权益补偿两部分[35])。易捷航空透露,在这次事件中有82000名旅客受到影响,400多个航班被取消,致使易捷航空付给旅客的权益补偿达1000万英镑,收入损失500万英镑[35]。这家廉价航空公司补充说,在此次无人机事件中以及随后共取消了1000多个航班[35]。无人机袭击还导致盖特威克机场损失了140万英镑。盖特威克首席执行官斯图尔特·温盖特在宣布2018年的年利润为2.08亿英镑时表示[36]:"我完全支持当时在我们受到持续攻击时关闭机场的决定。"虽然早期估计的损失高达数千万英镑,但航空公司承担了绝大部分的损失(这起事件的财务冲击主要由航空公司承担)。盖特威克机场后来在反无人机技术上额外花费了400万英镑,其首席执行官声称[36]:"我们安装了在所有西欧机场中最高级的反无人机设备。"

作为一个主要的国际交通枢纽,盖特威克机场发生的混乱不仅仅在航空业,也在相关领域产生了深远的经济影响。警方对无人机目击事件的响应和调查导致一共开支了45.9万英镑[37]。苏塞克斯警方表示,其总花费为41.9万英镑,包括33.2万英镑的加班费和银行假期工资,5.2万英镑的现场警务人员费用,1.2万英镑的剑桥和苏塞克斯警方的其他警力互助费,1.4万英镑的食宿补贴,4000英镑的设备费以及5000英镑的交通费[25]。萨里警察局位于苏塞克斯附近,为支持调查也花费了4万英镑的加班费[25]。来自克劳利的下院议员亨利·史密斯在2017年就警告议会,如果在盖特威克机场不采取有效措施,无人机可能会造成重大破坏,他说这个损失会"令人震惊",并称[37]:"在盖特威克无人机事件发生的18个月前,我在议会警告说,这很可能会带来重大破坏。这对苏塞克斯和萨里以及全国的纳税人来说显然是一个巨大的开支。"经过9个月的调查,苏塞克斯警方承认,如果没有新的线索,他们的调查将停滞不前(他们已经失去了所有的调查线索)。全体警方的调查总共花费了79万英镑[25]。苏塞克斯警方收到了129起独立的无人机活动目击报告,其中109起来自"可信证人",包括一名飞行员、机场工作人员和机场警察[25]。警方表示,调查涉及1200次入户询问以及对机场周围25个可能的无人机起降区的搜索[25]。经过长期的努力后(一场漫长的法律斗争),苏塞克斯警方动用12名警察持枪进入盖特的住宅并逮捕了他,他后来被错误地指控为盖特威克机场混乱事件的元凶。作为赔偿,政府向他支付了55000英镑赔偿金,后又另外支付了14.5万英镑以赔偿其他的合法损失[38]。与盖特的庭外和解最终证明他是无辜的,同时在为应对滋事无人机入侵机场的行动中又增加了一项20万英镑的公共开支。

伦敦关键航空基础设施为期3天的停摆凸显出对付恶意无人机是一项关乎运营的重大挑战。关闭机场运营的决定并非轻率,事件初期的响应和后续调查都造成了不断增加的开支。尽管所有权威人士都认为盖特威克机场旷日持久的无人机事件是恶意的,但为机场提供无人机防御和安全建议的英国标准协会无人机标准委员会主席罗伯特·加贝特表示,关闭机场是"严重的过度反应"[39]。他认为问题不在于无人机,而在于"做好准备",他说[39]:"这并不是关于无人机的问题,而是关于英国机场的准备工作是否充分的问题。而在过去,这些情况并不存在。他们必须采取基于风险评估的方法。"在此次事件中的嫌犯行为凸显了英国在威胁的察觉和化解方面存在一系列重大安全隐患,这里的威胁主要是指针对英国机场或其他重要基础设施的无人机威胁。盖特威克机场的关闭也暴露了与机场相关的众多机构在确定威胁和风险评估的优先次序过程中存在缺陷。滋事无人机入侵机场或其他地点如基础设施、营业场所等,对此进行风险评估需要采用风险评估方法,首先确认潜在的不可避免的危险以及任何可能造成伤害的危险因素,进而分析由此可能造成的风险及伤害[40]。接着就应采取相应措施进行管理,降低已确认的风险,记录已执行的决定,并定期进行评审,以确保其始终符合最初的目标[40]。

1.4 政治抗议的工具

在现代社会中,尽管有些观点会令人不悦,有些被众人所追捧,有些则十分不得人心,但一个成熟的社会可以容纳这些观点,接受彼此的差异。需要引起注意的是,极端的观点可能会在社会内部引发严重问题,因为持有这种观点的人往往无法包容他人。当持有极端观点的人行为举止超出法律框架,不尊重他人的权利和自由,试图通过暴力、恐吓或挑衅将自己的观点强加于人时,人们觉得受到了骚扰,感到了不安,引发了忧虑,这将导致不同群体间的紧张关系升级。

1.4.1 对抗气候变化采取的直接行动

联合国报告称,气候变化是我们这个时代的决定性危机,其变化的速度甚至比我们所担心的还要快[41]。保护我们的地球已成为一项全球性的社会运动,其核心是保护和改善自然环境。应对气候危机的一个重要举措是解决能源供应和消费问题,其基础是减少碳排放和减少化石燃料的燃烧。但在对绿色以及更可持续的环境友好型能源的追寻过程中,现有的发电厂成为了某些极端环保组织的主要目标,他们可以控制并利用无人机执行危险的直接行动。

2014年,法国国有电力公司宣布,10月期间,不明身份的无人机飞越了7座核电站,为此该公司向警方报警。该公司透露,第一架无人机在10月5日光顾了东克雷斯-马尔维尔地区一座正在拆除的发电厂,没有破坏电厂的安全,也没有影响电厂的正常运行[42]。10月13日至20日期间,法国国内的其他核电站也相继出现了更多的无人机活动,这些大多发生在夜间或凌晨[42]。绿色和平组织的激进分子曾在法国的核电站举行抗议活动,但该组织否认与这些神秘的无人机飞行活动有任何关联。但是环保组织认为这是明显的大范围操作行动,并特别指出,10月19日这一天,在法国的4个地点,即东部的布热、北部的格雷夫林和乔兹以及中北部的诺让塞纳河畔,都监测到了无人机活动[42]。作为一个独立的群体,绿色和平组织不接受任何来自政府、企业或政党的资金,这意味着只要它认为政府和企业对环境的破坏负有责任,它就可以自由地选择对抗以此来推动真正的变革[43]。绿色和平组织通过调查、记录和曝光环境破坏的原因来推进环保事业的发展,通过向政府游说、由消费者向相关部门施压、动员公众等方式带来变化,在某些时候基于绿色和平的未来这个目标还采取所谓的直接行动来推动方案的解决[43]。绿色和平组织反核运动负责人扬尼克·罗塞莱在回应核电站的系列目击事件时表示[42]:"对这些目的可疑的无人机飞行以及不断发生的此类事件,我们非常担心。"法国核安全局没有对此声明进行评论,只是说[42]:"我们不讨论专业领域之外的问题。"

法国是世界上最依赖核能的国家,拥有58个反应堆,一直是国际上重要的原子能支持者。然而,在2012年议会和总统选举前与绿党达成的协议中,总统弗朗索瓦·奥朗德所在的社会党承诺到2025年关闭24座反应堆,对核能的依赖度将从75%以上降至50%[42]。为了持续对法国政府施压,绿色和平组织多次组织活动,试图强调他们所宣称的法国核设施存在安全漏洞。2012年5月,一名绿色和平组织激进分子驾驶滑翔伞飞越勒布吉核电站并在现场降落,同时还用一架无人机拍摄该过程[44]。2017年10月,多名绿色和平组织激进分子闯入法国东部的一座核电站试图以此彰显其在受攻击时所表现出的脆弱性。后来,一家法国法庭对2名绿色和平激进分子判处至少2个月监禁,罪名是闯入靠近卢森堡边境的卡特诺核电站。另外6名抗议者被判处缓刑5个月,法国绿色和平组织被罚款2万欧元。检察官克里斯托·杜蒙表示:"绿色和平组织的行动越过了红线,任何有关核安全的争论都必须依法进行。"

绿色和平组织的激进分子被捕并被定罪,但这对减少针对法国电力公司核电站的直接行动几乎没有什么影响。激进分子受到的惩罚似乎只会放大绿色和平组织的努力,导致开创性地使用无人机来实施他们的直接行动。2018年7月,一架超人形状的无人机撞上了法国电力公司位于里昂附近的布热核电站。绿色和平组织介绍,该组织的一名激进分子曾操纵无人机闯入法国电力公司所属的布热核电站周围的禁飞区,希望通过此举说明核电站对于外部攻击的脆弱性[45]。绿色和平组织表示,该行动表明[46]:"法国核设施设计于20世纪70年代,没有防护来自外部攻击的装备,其结构极端脆弱。"早在2017年10月绿色和平组织发布了一份报告,详细说明了法国电力公司核反应堆的脆弱性,法国议会因此针对核安全违规事件开始进行了调查,现在此次无人机事件发生的时间给法国电力公司造成了极大的被动。虽然超人无人机的出现对设施的安全没有影响,但也证明了核电站对于来自空中攻击所展现出的脆弱性[46]。绿色和平激进分子坚持不懈的直接行动计划通过利用无人机的创新得以维持下来。环保抗议者成功地利用无人机的部署来引起人们对他们事业的关注,在执法和情报机构的监视下采取行动,击败了当局为保护关键基础设施免受敌对攻击而采取的所有措施。环保抗议者滥用无人机让人印象深刻,这鼓励了致力于其他单一目标的激进分子也采用不受欢迎的无人机行动来达成自己的目的。

1.4.2 无人机引发骚乱

世界各地的足球俱乐部的狂热支持者们互相较劲,在体育场内外从事暴力活动、恐吓民众,引发大规模公共骚乱,臭名昭著。其中一些足球流氓事件导致的惨案造成大量的人员伤亡,这最终促成了物理分隔开对立球迷的安保措施,但这一切需要通过对足球流氓的活动进行秘密监视和情报收集才能办到,而这些方法曾是国家情报机构的专利。互相较劲的足球流氓联盟会通过精心地组织和策划,互相挑衅、对抗,引发暴力冲突。有鉴于此,为了确保数以万计的足球球迷在赛前、赛中和赛后的安全,负责安保行动的警方指挥官感到责任重大,因为他们知道,只要一点点挑衅就可能引发暴力,导致球场入侵、人群激增和大规模骚乱,威胁体育场内人员的安全。

滋事无人机入侵足球场及时提醒人们,在数万人聚集的体育场馆,反无人机能力水平很低。事件发生后,警方负责人和体育场官员表达了他们对事件的担忧,这不仅可能在当时引发体育场内和周围的大规模混乱,而且也可能会加剧国际外交紧张关系,导致暴力死灰复燃,在争议地区引发新的重大冲突。此外,无人机入侵事件表明,露天体育场馆将很容易遭受政治活动、暴力极端分子和恐怖组织进行的无人机袭击。

每次滋事无人机事件都引起民众的广泛关注,这引起了激进分子的注意。于是乎,操控无人机飞越拥有数万人的体育场,以引起人们对某一特定政治事件或单一问题的关注,成了他们选择的策略。

尽管有明确证据表明,滋事无人机能对运动员和球迷构成威胁,但许多职业体育俱乐部和场馆管理人员仍然没有采取什么行动。卢卡斯勒贝尔是法国 CerbAir 公司首席执行官兼联合创始人,他提供了一系列的反无人机解决方案,用于保护法国一家大型足球俱乐部以及著名音乐节和政治集会免受恶意无人机入侵。他说:"由于没有在场地上方采取适当的空域安全措施,这些俱乐部和体育场风险很大。"

1.5 敌对侦察和滋事无人机实施的监视行动

随着技术的进步,无人机能够搭载越来越高级的图像设备,有效载荷也显著提高,现在这些在民用市场上都唾手可得。无人机的获取渠道广泛,加之其能力超群,为各种敌对分子创造了更多的机会。许多恐怖组织、叛乱组织、犯罪组织以及激进组织都展示了其利用民用无人机进行带有敌意的信息收集行动的能力,即敌对侦察的能力[47]。敌对侦察是攻击计划中的重要组成部分,行动试图获得已确认目标的更详细信息。敌对侦察涵盖范围广泛的预定目标,从确认一条特定的信息(这在开源情报收集中是无法轻易做到的),到针对一个确定目标场所的安保措施进行复杂的可行性研究。

识别敌对侦察仍然是整个安保行动不可或缺的一部分,它的价值在于提供证明存在敌方威胁的早期征兆。对于滋事者来说,敌对侦察行动代表了敏感的秘密活动,在保持不被发现的情况下隐蔽进行,以获得制定攻击计划所需的信息。无人机搭载的专业相机种类繁多,视频存储容量激增,能力不断提升,非常适合用于进行敌对侦察。恐怖组织、反叛组织等利用无人机实施敌对侦察,定位、实力核查、确定安保措施等,由此产生的威胁,很早就被驻扎在敌对环境和冲突地区的军队意识到了;而利用无人机进行信息采集也引起了政府部门和执法机构的注意。英国国家警察局长委员会此前认为,各种怀有恶意或敌意的人正是利用无人机实施各种操作,通过敌对侦察获取所需信息,这一切必须要引起充分重视。

针对无人机被敌对使用的最佳防御办法是采取一系列举措来应对威胁,包括监管对策、被动对策和主动对策。综合这些对抗措施,再加上作为更广泛的安保操作一环的反无人机行动计划,将有助于防止和探测滋事无人机的敌对侦察威胁。然而,如果没有彻底理解来自敌对侦察的威胁,那么所有的安全措施都将失效。因此,本节将把敌对侦察作为一种情报收集策略进行研究,识别当前无人机使用带来的威胁,并突出应对措施的重要考虑因素,以减少威胁,并将未来无人机敌对侦察行动产生的风险降至最低。

1.5.1 冲突的战场

在冲突地区使用无人机现在是恐怖主义行动和叛乱行动的一个显著特征,为此军队也部署了先进的无人机探测系统,以降低敌对无人机进行监视活动所带来的风险。反叛组织与恐怖组织有许多相同的能力,目标和意图也差不多,因此无人机有可能成为叛乱分子武器库中重要的一部分。获得空中侦察的能力,更好地支持攻击行动计划,对于许多叛乱组织来说是上了一个新的台阶。

现代的恐怖主义和叛乱已经迅速演变为越来越非实体化,弱不禁风的本地居民通过网络被招募,遭到疯狂的宣传洗脑,变得更加激进,并通过网络接受训练,完成通过网络下达的任务;这些宣传内容由无人机拍摄,美化了他们的行动,在虚拟的和没有受到监管的网络空间到处散播。互联网正迅速地改变了一些恐怖主义和叛乱的基本特征并将持续地改变它,对此低估是不明智的。

1.5.2 无人机从事的监视活动

无人机的图像捕捉能力使其成为进行隐蔽监视或公开监视的完美工具。有人会认为,在董事会会议期间,无人机在一家公司的窗口盘旋会引起一些注意,但无人机可以附着在任何建筑物的一侧,并保持静止不动,这并非不可想象,因为里面的人不会注意到无人机[48]。配备摄像头的无人机是迄今为止最常见的商业风险,通过无人机进行商业间谍活动而引发的担忧正在增加。许多安全专业人士认为,无人机虽然不会直接对秘密和敏感的商业操作构成风险,但配备了最新摄像头技术和视频分析能力的无人机可以捕捉到商务会议上的活动。企业为了保护新产品的新原型、新专利或新产品及服务的预售会,设置了重重安保措施。无人机则可以在这些重重安保措施中寻找到突破口,将所有的展示信息泄露出去。当无人机监视企业高管的行为,详细说明产品移动的物流信息时,就引出一个真正的无人机商业间谍问题。在大规模工业环境下,小型无人机很容易隐藏在工厂、仓库或配送中心里[48]。商业往来中有很多有价值的目标可以用无人机进行监视,例如车辆原型和研究实验室的测试轨道[49]。在生产厂家上方空域运行的无人机也存在盗窃或破坏库存的风险,这让安全专家担心,不受控制的无人机监控行动会对一个国家的经济福祉构成威胁。

一些相互独立的例子表明,无人机已经被用于获取商业敏感信息。无人机飞临的地点包括电视剧《权力的游戏》在爱尔兰的拍摄现场、在美国丘珀蒂诺建造的苹果新园区以及位于英国北部的BAE系统公司的大楼,该公司是英国皇家海军潜艇的制造商[52]。那些意识到被攻击的组织认为将被攻击过程透露出来是不明智的,他们担心民众因此对他们的安保措施丧失信心,进而损害到他们的声誉,他们也是受害者。此外,一些安保专家不愿意承认利用无人机进行间谍活动是一个显而易见的现实危险,受此影响,对于许多组织来说,当他们被攻击时、重要信息及知识产权被窃取时,他们自己可能并不知情。各种威胁情形广泛存在,诸如网络攻击、无人机支持下的针对式网络钓鱼等,无人机被吸纳到协作式的间谍活动中,这一切都说明了来自产业界的间谍活动威胁正在兴起之中,需要有更专门的应对措施。

不仅与军事相关的高科技公司受到了无人机商业间谍活动的威胁,就连体育产业也成了滋事无人机的监视目标。

虽然大型体育赛事中出现的滋事无人机监控对其持续的商业成功模式构成了威胁,但无人机的使用给普通民众的隐私带来的巨大冲击才是公众更关切的问题。无人机被恶意使用,拍摄本不想受打扰的民众,这一话题在社会上、政治上和法律界引发了激烈的辩论。摄影师和摄像师使用狗仔队无人机进行偷拍,很好地证明了使用无人机侵犯隐私所能达到的程度,因消费者对明星八卦的需求加剧,这些行为得到了一些媒体的支持。配有长镜头的摄影机、摄像机在影星、名流们的私人住所上空盘旋,镜头透过敞开的窗户直达卧室,无人机已经成为最令好莱坞恐惧的不速之客。使用无人机的狗仔队,即所谓的"无人机狗仔队",很快就成了明星圈的麻烦,记者们使用无人机进行先进的监控和监视,获悉明星各方面的信息,拍摄到劲爆的镜头、快照,而这些是采用其他手段所不可能得到的[50]。罗伯特·伊扎德是一名经验丰富的保镖,曾保护过许多好莱坞巨星,他透露了明星们严重的安全顾虑:"这是对隐私难以置信的侵犯,令人深感不安。我们要做什么才能阻止他们?"尽管无人机有许多积极的特性,但它也有消极的一面,例如当无人机操作员怀有恶意时,此时的无人机就成了他们手中引起混乱的、邪恶的工具,他们的活动将影响到社会对无人机的认可度以及无人机技术的持续扩散。

1.6　采用无人机进行有组织犯罪

在全球范围内,许多先前存在的犯罪行为利用技术进步和无国界的互联世界,正逐步发展为重大国际威胁[51]。严重有组织犯罪的特点是犯罪活动种类繁多,活动复杂性和规模都在增加。犯罪分子会迅速采用新技术并将其融入作案手法,或围绕其建立全新的作案模式[52]。新技术的使用对各种严重有组织犯罪活动都产生了广泛冲击。这包括通过线上操作取得的各种新技术，如线上交易的扩大，广泛可用的加密通信频道以及引入无人机来加快和强化犯罪行动。根据欧洲主要执法机构——欧洲刑警组织介绍，参与贩毒的有组织犯罪集团可能会为了进行非法毒品交易而投资无人机技术，以逃避边境过境点、港口和机场的检查[52]。然而，在各种犯罪行为中可使用无人机的方案几乎是无限的。随着无人机技术不断发展，价格持续下降，无人机的犯罪化应用将越来越多地给身处一线的警员、危机事件指挥官和事后数据调查专家带来复杂的挑战[51]。非法使用无人机事件的激增将对执法部门的整个运作形势产生巨大冲击。

1.6.1　利用无人机贩毒

全球毒品交易市场的估值为6520亿美元，约占所有跨国犯罪总零售额的三分之一。根据欧洲刑警组织的数据，在欧洲活跃的犯罪集团中，有三分之一以上参与了各类毒品的生产、贩运或分销。毒品交易催生了一个估值为每年至少240亿欧元的毒品零售市场，为相关团体带来数十亿欧元的利润。毒品交易产生的巨额利润资助了各种其他犯罪活动，使有组织犯罪集团得以繁荣发展其所属相关企业，而代价是牺牲民众的健康、繁荣和安全。参与贩毒的有组织犯罪集团十分依赖腐败分子为其贩毒活动提供便利。他们还利用假进口证书或假公司注册证书等伪造文件从合法交易中进口非法药物，设法得到制毒过程所需的前体成分，同时还购买一部分生产设备。

欧洲仍然面临着快速发展的毒品市场。非法药物的效力和纯度的提高、缉获量的创纪录以及欧盟产量的增加都表明非法药物的供应量正在增加[53]。欧盟委员会负责移民和内政事务的总干事帕拉斯凯维·米楚表示[67]："有组织犯罪从毒品交易中获益匪浅，但更令人担忧的是，这些罪犯在试图扩大其市场份额时表现出了决心和无情。"欧洲有组织犯罪集团贩卖非法毒品所使用的暴力和恐吓是严重的，但与在墨西哥出现的死亡和破坏相比则相形见绌。

2015年4月，一架绑了28磅（约12.7 kg）海洛因的无人机，越过卡莱克西科附近的美墨边境。律师劳拉·达菲表示[54]："在边境严密防范的情况下，贩毒者想出了各种可能的方法将毒品从空中、地下或地上运过边境。我们发现了他们用于运毒的隧道、赛斯纳轻型飞机、喷气式滑雪板、独木舟，现在我们又发现了无人机。"两名男子在因皮里尔县98号公路附近取回了无人机运送的毒品，边境巡逻摄像头拍摄到了这辆轻型皮卡货车，警察最终拦下了这辆可疑车辆，并在后备箱中发现了一个装满毒品的行李袋，后来经检测证实为海洛因。对于检方的指控他们表示认罪。针对嫌疑人所作的有罪陈述，因皮里尔县政府所在地埃尔森特罗的负责国土安全调查的特别助理探员罗尼·马丁内斯介绍道[68]:"使用无人机在美墨边境走私毒品是一种新出现的威胁,幸运的是,由于边境沿线的各个执法机构通力合作,已经驱逐并彻底铲除了走私者,这种新手段在因皮里尔河谷行不通。"尽管美国执法机构尽了最大努力防止无人机通过美墨边境走私毒品,其中包括成立专门单位来侦察和打击所有空中毒品走私,但无人机运输毒品的情况仍在增加。

1.6.2　使用无人机运送违禁品

在非法毒品供应中,无人机所构成的威胁不仅限于有组织犯罪集团使用其进行跨境贩毒。27岁的丹尼尔·凯利曾居住在伦敦东南部的刘易舍姆,2016年他使用无人机将违禁品送入监狱,成为英国第一个因该罪行而被监禁的人[55]。肯特郡警察局的警官透露,凯利曾使用遥控无人机向肯特郡的两所监狱和赫特福德郡的一所监狱偷运违禁物品,包括烟草和精神药物性香料。凯利承认密谋向监狱投下了一件物品,当时巡警发现一辆汽车停在肯特郡谢佩岛的皇家斯维赛得监狱附近,在汽车加速离开之前他被看到跑着爬进前排乘客座位。之后,凯利被逮捕了,这辆车后来也在莱斯当附近的一个假日公园被发现。凯利在肯特郡梅德斯通巡回刑事法院被判14个月监禁[55]。用于犯罪的无人机在车内被发现,被警察扣押起来;警方调查还发现两起未遂事件,他两次试图将无人机飞入伦敦西南部的皇家旺兹沃思监狱,但均未成功。调查员马克·西尔克侦探说[55]:"精神类物质和烟草在监狱中的价值被放大,这可能导致在监狱内故意犯罪。这会使犯人和监狱工作人员都处于危险之中。"

这是首次有利用无人机向英国走私毒品的人被逮捕并定罪,但这并未阻止类似犯罪行为的激增。2017年,一个8人团伙利用无人机向监狱空运了价值达50万英镑的毒品,这8名成员被判处3~10年不等的监禁。在两年的时间里,无人机操作员、司机和瞭望员与囚犯合谋,将毒品偷运到包括皇家伯明翰监狱和皇家利物浦监狱在内的7个监狱。警方在对兰开夏郡的皇家维莫特监狱、伍斯特郡的皇家希维尔监狱、柴郡的皇家莱斯利监狱以及斯塔福德郡的皇家奥克伍德监狱和皇家费瑟斯通监狱等进行飞行调查时,扣押了11架无人机,其中包括一些坠毁的无人机。35岁的克雷格·希克巴图姆曾在斯塔福德郡的皇家费瑟斯通监狱服刑,后来在伍斯特郡的皇家希维尔监狱服刑,他在狱中指挥了这场大规模且持续的行动,他承认了4起串谋将违禁品带入监狱的事件和串谋供应精神类物质,为此又被判处了7年监禁[56]。无人机操作员默文·福斯特因参与这一系列事件而被判6年8个月。

对犯罪团伙的定罪揭露了非法使用无人机将毒品运送到监狱的现实,但这种现象不仅限于英国,加拿大、巴西和几个欧盟成员国也发生了类似事件。使用无人机向监狱走私毒品事件的激增进一步证明,非法使用无人机为刑事罪犯提供便利的事件越来越多,世界各地的众多执法机构必须要妥善应对。

1.7 恐怖分子使用无人机所带来的威胁

虽然世界的变化令人震惊,但政府的首要职责仍然是保护其民众的安全。今天,世界各地的许多国家比以往任何时候都更加安全,同时也更加脆弱。更加安全,是因为它们现在不像过去那样经常面临敌对势力对其领土的攻击;而更加脆弱,是因为它们国家的社会风气越来越开放。现在的世界比以往任何时候都更加网络化,其直接结果是,世界各国面临着不同且更复杂的威胁,这些威胁来源五花八门:恐怖主义、网络攻击、使用核生化武器进行的非常规攻击、大规模事故、自然气候变化带来的危害以及全球性的大流行病传播等。任何一种威胁都可能对民众和一个国家的经济福祉造成严重损害,同时也可以影响到国际关系。新的威胁可能来自国家行为,但也可能来自非国家行为,例如本土或海外的恐怖分子、叛乱分子或罪犯以及能源安全,因为这些化石燃料的主产区包括了地球上一些最不稳定的地区。各国政府都知道,国际恐怖组织决心利用各国日益增长的开放程度,通过阴谋策划,攻击并杀害无辜的百姓,或者对服务业造成大规模破坏,以达到破坏国家经济稳定的目的,最终在政治、意识形态或宗教等领域上获利。

鉴于恐怖主义威胁持续严重,世界各国政府不再认为仅仅准备好应对已知的各类恐怖主义袭击就可以了。现在所有的政府都意识到,这种被动姿态不会维护他们的国家安全。因此首先需要恪守相关的安全原则,做好充分的准备,进行风险评估,对过去、现在和未来的恐怖事件后果进行全面的管理。接着各国采取了一种越来越具前瞻性和创造性的方法,致力于识别新涌现的恐怖主义威胁,这种新的积极姿态现已成为应对当代国际恐怖主义的重要组成部分。恐怖分子采用无人机是世界各国政府一个重大安全关切的问题。欧盟安全委员会理事朱利安·金为了强调对这一新威胁所表示的关切,他在2019年8月警告道,无人机可能被用于恐怖主义行为,并表示[57]:"无人机正变得更加强大、更加智能,这使得它们在合法使用上更有吸引力,同样在敌对行动中也更有吸引力。"这一警告是在2018年12月法国反恐部队向该国恐怖主义特别委员会所作的秘密报告被泄露发布后发出的。这篇报告[57]发出警告:"恐怖分子可能通过一架无人机对一个足球场发动袭击。"

欧洲刑警组织披露,欧洲各地的恐怖袭击经常以公共场所作为袭击目标,欧洲刑警组织和国际刑警组织还表示,随着恐怖组织不断进行技术创新,警方的应对措施同样需要创新,这样才能缓解新出现的国土安全威胁,这其中就包括恐怖分子使用无人机造成的威胁。尽管无人机的威胁情况多种多样,但国际安全界最担心的是,恐怖分子和恐怖组织会轻松地使用新技术,试图利用无人机的力量攻击拥挤的公共场所。

恐怖分子及其组织围绕着他们预定的战术行动组织训练。影响战术决定的因素很多,其中包括预定目标的自然属性、执行任务的特工能力以及他们行动时所面临的敌对环境。无论选择的目标是什么,他们都有许多方法来达成最终目的,最终方案的选择仅仅受制于他们自身的创造性,这令恐怖分子们跃跃欲试。无论是通过试错还是意外,而不是刻意的设计,随着时间的推移,恐怖组织都会开发出一种备受青睐的操作方法,这是逐步得到他们信任的战术,通过实验不断完善,在实战的磨炼中最终掌握它。当代国际恐怖主义的威胁包括各种各样的战术,没有一种技术可以完全归因于某个特定的恐怖组织。当恐怖分子不断寻求新的独创的方式来制造死亡、进行扰乱和毁灭时,认为某个特定恐怖组织以某种确定的方式运作是不明智的。当代的恐怖袭击计划仍在不断演变,但似乎有一个共同的目标,就是希望在众人瞩目之下造成大规模的人员死亡[58]。为了实现这些目标,同时也为了超过竞争对手,赢得世界瞩目。当今媒体饱和的环境对于许多恐怖分子来说,新颖及能制造热点被视为一种捷径。使用新的攻击方法可以造成更多伤亡,加大媒体关注度,同时吸引国际社会对其特定诉求的关注。恐怖分子一直在试验的一种新平台就是无人机,他们希望增强并丰富其能力。恐怖分子对无人机的兴趣并不是什么新鲜事,下面的一系列例子都阐述了无人机作为恐怖分子平台所带来的实用性、引诱力和未来潜力,这一切引人关注。

1995年3月20日,日本邪教"奥姆真理教"出于一种世界末日的思维方式,在东京地铁网的5列列车上放置了装有沙林毒气的容器[59],因为预计列车将停靠在有许多政府机关的霞关车站,袭击造成12人死亡,5500名乘车通勤的平民受伤[60]。警方的反恐事后调查主要集中在恐怖组织的袭击是如何策划的[61],根据逮捕400多名邪教成员获得的情报。警方探员发现,这次袭击经过精心策划,由于邪教成员认为当局已经发现了他们的行动,行动被仓促提前了。警察还发现,袭击中使用的沙林毒气并不纯净,而且因为塑料袋被刺穿,将毒气分装到塑料袋的过程也大多无效。警方还认为,如果他们将恐怖袭击计划进行微调,那么将会导致更多的人员死亡。警方探员还发现,早在两年前,也就是1993年,为了阴谋刺杀一名敌对方的领导人,日本恐怖组织开始试验以一种新方式来运送致命的沙林毒气。由于直升机在测试过程中坠毁,攻击者最终采用了卡车运送毒气。尽管该组织在最后一次行动中并未使用过直升机,但这对恐怖组织利用无人机以实现大规模谋杀这个目标而作出的决心与创造性提供了解析思路。本案是第一个恐怖组织试图使用无人机系统的案例,也是第一个恐怖组织试图将无人机系统武器化的案例。在沙林毒气袭击后,以麻原彰晃的名义领导奥姆真理教的半盲人松本智津夫被捕。他后来因多项罪行被判处死刑,并于2018年7月6日被处决[61]。

根据美军指挥官的经验,无人机将继续在冲突地区构成安全挑战,同时也可用于国内恐怖组织发动的攻击。无人机可以预先编程,从几乎任何方向发动突袭,任何有能力购买无人机的人都可以使用它。来自天空的攻击不再专属于国家行为,武器化的无人机现在已牢牢掌握在非国家行为体手中[62,63]。

1.8　改装无人机进行网络攻击

互联网和数字技术的发展为世界各国带来了重大机遇,改变了商业模式,为日常交流提供了新的工具。据估计,2020年全球60％的人口在使用互联网,较2000年使用互联网的人口增加了1500％[64]。近年来,移动通信的发展快速促进了互联网的使用,目前全世界有35亿人使用智能手机[65]。全世界互联网覆盖和接入的改善导致越来越多的人花费更多的时间上网,进行更广泛的在线交易和社交网络通信。仅就商业而言,2019年,全球消费者在网上的支出总额为3.46万亿美元,高于2018年的2.93万亿美元,年度同比增长18％,与预期的未来5年全球在线零售支出额的年度增长率保持一致[66]。据估计,每月有28.9亿人使用Facebook、WhatsApp、Instagram或Messenger等平台提供的在线社交网络服务,互联网活动现在已经成为现代社会许多人生活方式的核心[67]。

虽然互联网极大地丰富了社会交流,增加了商贸机会,但这些技术进步已经改变并将继续改变犯罪的本质,有助于培育出一类新的、老练且技术能力出众的罪犯。计算机和信息通信技术的使用改变了一些传统犯罪类型的特点,使其规模和影响范围发生了变化,威胁和风险扩展到公众社会生活的方方面面。针对计算机和计算机网络的完整性,还开发出新的犯罪活动形式。威胁不仅存在于个人和商务活动,也存在于国家安全和关键基础设施之中。此外,网络犯罪现象的无国界性质意味着一个国家的安全或个人的隐私可能会受到来自世界各地的攻击,这对执法提出了极大挑战。网络空间发展带来的犯罪新特征,催生了新的网络警察以及关于网络犯罪的安全行为准则。本节的目的就是研究无人机现在是如何被改造以支持各种形式的网络攻击的。

1.8.1　起飞的网络威胁

随着恐怖分子、极端分子和犯罪分子采用无人机技术并不断发展出新方法来实施犯罪或进行恐怖活动,网络安全政策制定者越来越担心非法使用无人机的情况,无人机现在已成为全世界的安全威胁。随着无人机不断从新奇物品演变为无处不在的商业工具,一些执行网络入侵的网络犯罪分子也可能看到机会,充分利用无人机接近家庭、企业、关键基础设施以及国防部门等的时机,将机器变成一个进行非法访问网络和系统的出发点,这样就产生了一个关于网络犯罪传染模型的新类别。

使用无人机作为恶意Wi-Fi接入点可能是针对个人的非常简单但很有效的策略之一。网络研究人员指出,配备相关设备的无人机可以放置在目标场所附近,用于获取证书、实施中间人攻击和进行网络侦察[68]。如果目标公司的网络不阻止强制解除认证,甚至连接到合法公司接入点的用户也可能被迫连接到无人机的Wi-Fi。这种威胁因"自带设备"文化的发展而进一步加剧。所谓自带设备,就是企业中的员工被鼓励使用个人设备访问企业系统和数据。这样的员工越多,为网络无人机黑客提供的连接也就越多[69]。为了实施网络入侵,无人机可能会将自己停在建筑物的屋顶或其他隐蔽位置,对于封闭区域,像很多国防部门的设施那样,这些区域禁止行人和车辆通行,但无人机却可隐藏在这里。传统的安全措施,包括所有的物理保护和生物特征输入系统,对于基于无人机的网络攻击来说都变得无用了。安全研究人员已经演示了多种基于无人机的攻击,从简单到复杂再到深奥。在办公室窗口外盘旋的无人机劫持了一个蓝牙鼠标,以便在计算机上悄悄安装恶意软件,之后该计算机通过窗口发出光脉冲,无人机上安装的录像机被用来接收这些光脉冲,从而实现与受感染计算机的通信。配备特殊硬件和软件的无人机也可用于在系统上安装恶意软件或中断系统的操作,那些利用了诸如蓝牙这样的无线协议的设备尤其容易中招[68]。

利用无人机发动网络攻击可能永远达不到传统远程网络攻击的规模,但其使用的可能性要求所有的权威人士需认识到领空也是可以处在攻击范围之中的,必须进行防御。攻击时要求攻击者和无人机都离目标很近,这将限制无人机攻击的使用频率,但这种威胁仍然真实存在,不应低估。这同时也证明了富有创新精神的网络犯罪分子是如何充分利用无人机技术进行破坏的,其直接结果就是它变得非常危险。

很明显,无人机之所以为网络罪犯提供了一种新战术,是因为所有的操作以匿名远程的方式进行,操作员被侦察到或起诉的风险很小或没有风险,操作简单安全,可以便宜轻松地获得成功。使用无人机进行网络犯罪表明,滋事无人机威胁的情景越来越多样化,并且变得更有侵略性。滋事无人机的活动,给安全的概念创造了一个新的层面并使之发生了根本性转变,建筑物、人员、数据和其他资产的安全都应满足免受恶意网络攻击的要求。无人机的适应性变化可以使其适应各种网络攻击,这本身就是一种新的网络安全威胁,但令人担忧的是,已证明无人机自身也很容易受到网络攻击。

1.8.2　利用网络劫持无人机

2000年,美国中央情报局在阿富汗上空使用军用无人机,代表着情报收集方式的根本转变。如今,无人机被广泛用于各种军事任务,如边境监视、侦察、运输和武装攻击等。随着无人机在军事和情报领域中的成功应用,作为传统运载方式的补充或替代,无人机在公共和私营部门也得到了迅速采用。人们认为无人机是可靠、自动而且自主的机器,可以随时提供服务。基于这些假设,政府、军方和应急服务部门的领导都希望无人机能够改善国家安全和公共安全,而商业领袖则希望从改善服务的投资中获得积极回报。从纯技术视角来看,无人机是高度开放、多链路、复杂的硬件。

为了完成任务,无人机需要收集和处理数据。当代无人机可能包含的信息,从部队机动到环境信息,还包含各种商业敏感的业务操作。无人机自身携带的信息量以及无人机通信所传递的信息量已经使这些无人机成为间谍活动的高价值目标,他们试图通过网络攻击达到远程操控的目的,这使得无人机身处险境。尽管无人机接收、传输或携带的数据价值高且敏感度高,但相应的安全措施并没有跟上。

有一种观点认为,这种攻击属于电子战的范畴,而不仅仅是单纯的网络攻击。考虑到通过将异型数据引入操作系统而产生了敌对的效果,这与网络攻击而不是电子攻击的定义匹配得很合理。无论如何,当前作战行动的经验表明,这些不同类型战争之间的区分正变得越来越模糊。此外,无论关于攻击本质的争论到何种程度,可能遭受攻击场景的多样性都是使得无人机格外脆弱的一个方面。从实用的角度来看,不管怎样,作为攻击的结果,确实是丧失了对于软件或硬件的控制。除了通信链路之外,另一个可被利用的部件就是无人机的操作系统或微控制器单元。虽然无人机操作系统的类型因制造商而异,但其原型设计都是通过智能手机对无人机进行的控制。因此,智能手机操作系统中任何已知漏洞也都与无人机环境相关,这导致更广泛的安全威胁。同样值得注意的是,许多智能手机就是在用户没有意识到的情况下受到威胁的。

1.8.3　无人机恶意软件

随着数字电路和无线技术成为越来越多的消费品和工业品不可或缺的一部分,网络犯罪分子对这些产品进行入侵或利用的机会也在增加。无人机现在是一个新出现的安全热点,既是网络攻击的目标,也是潜在恶意攻击的载体。无人机使用最先进的技术设备,对这些飞行器的研究也不断取得进展,从而诞生了新一代无人机,其特点是高性能、高自主性和极端通用性,这使其适用于许多应用。尽管新一代无人机被最新的技术工具所保护,但荷兰特文特大学的一组研究人员仍示范了政府机关和警察部门普遍使用的高端无人机是如何被流氓黑客远程攻击的。该研究团队在无人机的无线电连接中发现了安全漏洞,只需要一个笔记本电脑和廉价USB连接的芯片就可以利用这个漏洞对无人机进行攻击。研究人员发现,他们可以轻松利用无人机及其控制单元之间通信缺乏加密的漏洞。此外,该团队警告说,只要一个老练的黑客能够对无人机设备的软件进行反向工程,他就能够发送导航控制,同时阻止来自真实操作员的所有命令,甚至将其撞毁在地面上。特文特大学的研究只是越来越多的独立测试中的一个,这一研究旨在从快速扩张的无人机市场中发现一系列的无人机安全设计缺陷。

黑客针对物联网支持下的互联设备发动的攻击正变得越来越普遍。无人机成为网络犯罪目标的第一个证据,就是发现了专门用于渗透无人机的后门软件。无人机变得越来越普遍,并被改装以适用于更多用途(如数据收集等),这使它们迅速成为黑客们的高价值目标。这些黑客要么出于恶意目的劫持无人机,要么获取正在收集的数据。专门针对无人机的后门软件,可以通过互联网连接侵入无人机。毕竟,无人机从本质上说就是一台飞行的计算机。因此,它们与笔记本电脑或智能手机一样容易受到黑客攻击。无人机黑客技术可以用来窃取机器收集的数据,甚至可以通过恶意软件接管对无人机的物理控制,这只是恶意软件的一个缩影。恶意软件的编写意图就是破坏设备、窃取数据,通常造成损害并带来混乱。病毒、特洛伊木马、间谍软件和勒索软件是当今网络犯罪分子常用的恶意软件,他们经常在团队合作中创建恶意软件,或者通过传播恶意软件本身,或在暗网上将其出售给出价最高的人来扩大他们的赚钱机会。然而,创建恶意软件可能还有其他原因,例如,它可以被用作抗议的工具、测试安全的方式,甚至是国与国之间战争的武器。这些恶意软件的开发引发了严重国际安全担忧,但对于当代黑客来说,为了证明无人机可以被用于更多邪恶目的,这仅是下一个合乎逻辑的步骤。

1.9　降低风险

最新的无人机研究表明,2016年商业无人机销售的年收入预计将达到5亿美元,比2015年的2.61亿美元增长84%[69]。2015—2020年期间针对消费者、商业应用、相关法律法规和发展机遇的研究发现,无人机的大众化显著降低了许多行业的进入门槛,目前高性能型无人机的售价还不到3000美元[11]。商用无人机的高性价比使其成为制药业供应链物流的关键环节,其能够将新鲜血浆和应急药物运送到其他运输方式无法到达的偏远地区。

无人机还证明了其在医疗和应急服务领域的价值,可以支持消防和救援行动。在农业领域,无人机被用于灌溉分析,绘制作物类别-作物收成量图表,并通过红外和其他技术手段进行作物苗情监测。安装在无人机上的视频和静止摄像头可为房地产市场拍摄促销宣传照,并为记录体育赛事和其他公共集会提供了全新的视角。少数创新零售店、食品连锁店和餐厅现在已经经常使用无人机来满足客户对快速配送服务的需求,在无人机的助力下其在新兴市场中快速增长。

无人机的迅速扩散对正在寻求有效管理和保障无人机安全使用的管理部门产生了切实的冲击。不幸的是,"使用广泛"并不等同于"使用安全"。许多无人机都存在固有的和潜在的严重设计缺陷。鉴于无人机机动性强、体积小,加上其具备机载处理能力、配有图像设备和连接方便的特性,它就相当于飞行中的计算机,因此无人机现在被认为可以对信息安全产生切实的威胁也就不足为奇了。安全性差或不安全的无线网络特别容易受到攻击,我们可以设想一个攻击场景,僵尸无人机或专门购买的无人机可能会在热点附近飞行或谨慎降落,以访客身份通过近距Wi-Fi、蓝牙以及其他无线连接实施中间人攻击、数据注入或其他类似的攻击。对于军事应用来说,无人机是相对廉价的技术(肯定比用于监视的卫星便宜),因此人们购买现成的无人机,无需进行任何大幅度改造就可以进行情报收集。在最初开发无人机时,网络安全并没有被优先考虑,因此在未来必须保护先进的军用无人机机群的每一个部件都免受网络攻击[70]。

在当代网络犯罪不断拓展的攻击方式中,劫持无人机是一种新出现的危险。随着技术的发展,网络攻击者展现自己的机会更多,专业安全人士需要获得一系列措施才能应对日益增长的威胁。为了降低风险,还需要深入研究网络攻击威胁和无人机系统的漏洞识别。该研究应包括对更复杂攻击场景的研究以及对无人机网络攻击判据的开发。根据美国普渡大学的研究,到目前为止,衡量无人机遭受网络攻击的概率或破坏潜力的指标还不存在[71]。开展严格的无人机网络安全研究项目将有助于加强无人机的使用安全,并提高其受到当代网络犯罪攻击时的抗性。

网络威胁形式错综复杂,那些影响深远的漏洞带来经常性的变化,攻击速度更快,罪犯为了索要赎金而锁住用户的文档资料,数据泄露持续存在,这一切都导致网络犯罪分子使用无人机的风险在不断增加。高级的网络犯罪威胁持续变化发展,犯罪团伙越来越多地采用网络攻击技术,而这些技术曾经只被某些国家所掌握。网络漏洞仍然是安全状况的重要组成部分,与网络犯罪相关的威胁和风险评估的所有证据表明,攻击者的行动速度已超过了有效的网络防御对策的实际响应速度,这其中就包括保护无人机免受网络攻击的措施。通过不断创新,网络犯罪分子正在开发更高级的恶意软件和流氓移动应用程序以及更具弹性的僵尸网络。随着服务于网络犯罪的市场规模的快速扩张,这些产品的获得变得越来越容易,并且越来越容易被几乎没有技术知识的罪犯所利用。不幸的是,这种情况在不久的将来仍不太可能改变,网络攻击者将继续占据上风。如要扭转此种局面,就需进行更多的工作以预测未来的威胁和风险,这需要能够对微弱信号进行水平扫描,以发现网络攻击的早期迹象。为了对抗这股网络威胁趋势,执法机构倾向于支持使用可以在移动和云环境中运行的智能驱动安全方法,更多地使用行为分析,并利用智能设备自身的功能保护用户和数据。即使无法完全阻止网络攻击,正确使用的智能设备也可以更快地检测到攻击,大大减少攻击者的机会窗口,并将可能的损失降至最低。

尽管在对抗网络犯罪的单位、培训和引进新手段以及调查技术方面进行了大量投资,但世界各地的执法机构在打击当代网络犯罪的许多方面仍然面临挑战。黑客无人机威胁的出现加剧了这些挑战,但这种威胁仍然被低估。目前所有政府都还没有意识到网络安全挑战所面临的巨大规模,如果按照网络空间的本来面目来对待,这一点就会看得更加清楚:网络空间属于一个独立的社会空间维度,世界上的数十亿人不仅选择通过网络进行交流,还选择通过网络进行生活、交易、社交、建立友谊;通过网络创造知识产权和经济财富;通过网络开始和结束一段感情生活;在网上搜索寻找目标,与之进行长期争斗,或以此为乐;通过网络进行偷窃、实施伤害或治愈创伤[72]。从这个角度来看,网络空间是另一片辽阔的大陆,生机盎然,而且还是虚拟的,这是一片独特的管辖区,不仅需要自己的基本章程和法律体系,还需要自己的执法和保卫机构。改造无人机使之可以从事各种网络相关犯罪和利用安全漏洞是最新出现的网络威胁,这放大了无人机的恶意使用所产生的破坏作用,同时体现了无人机技术的进步和那些图谋不轨的人所具有的无限创造力,将全球无人机威胁领域的复杂性上升到了一个新高度[73]。

参 考 文 献

[1] World Economic Forum. Drones and tomorrow's airspace[EB/OL]. (2020) [2021-01-01]. https://www. weforum.org/ communities/drones-and-tomorrow-s-airspace.

[2] SCOTT G, SMITH T. Disruptive technology: What is disruptive technology? [EB/OL]. Investopedia, 2020: 3-21. [2020-01-01]. https://www. investopedia. com/terms/d/ disruptivetechno-logy.asp/.

[3] Skies without limits: Drones-taking the UK's economy to new heights. Pricewaterhouse Coopers LLP (PwC)[EB/OL].(2018)[2020-01-01]. https://www.pwc.co.uk/intelligentdigital/ drones/Drones-impact-on-the-UK-economy-FINAL.pdf.

[4] Amazon prime air: How will it work? Amazon[EB/OL].(2020)[2021-01-01]. https://www. amazon.com/ Amazon-Prime-Air/b?ie=UTF8&node=8037720011.

[5] FOLK E. This is how drones could help to fight climate change. World Economic Forum [EB/OL]. (2018-05-24) [2020-01-01]. https://www. weforum. org/agenda/2018/05/the-surprising-way-drones-can-help-fight-climate-change.

[6] KELLY S A. Drone tech offers new ways to manage climate change. Cornell Chronicle, Cornell University[EB/OL].(2017-08-08)[2020-01-01]. https://news.cornell.edu/stories/ 2017/ 08/drone-tech-offers-new-ways-manage-climate-change.

[7] BAGGALEY K. Drones are setting their sights on wildlife and they're making science safer for everyone involved. Popular Science[EB/OL]. (2017-02-10) [2020-01-01]. https:// www.popsci.com/drones-wildlife-biology-animal-research/#page-4.

[8] Coronavirus: Northamptonshire police could use drones. BBC News[EB/OL].(2020-03-23) [2020-01-01]. https://www.bbc. co.uk/news/uk-englandnorthamptonshire-52004297.

[9] HOLROYD M. Coronavirus: Italy approves use of drones to monitor social distancing. Euronews[EB/OL]. (2020-03-23) [2020-01-01]. https://www. euronews. com/2020/03/23/ coronavirus-italy-approves-use-of-drones-to-monitor-social-distancing.

[10] HALASCHAK Z. California police consider new uses for drones during coronavirus pandemic. Washington Examiner[EB/OL]. (2020-03-23)[2021-01-01]. https://www. washingtonexaminer. com/news/california-police-consider-new-uses-for-drones-during-coronavirus-pandemic.

[11] Game of Drones. Juniper Research[EB/OL]. (2016) [2020-01-01]. https://www. juniperre-search.com/ document-library/white-papers/game-of-drones.

[12] Intelligence commercial unmanned aerial vehicle (UAV) analysis-industry Trends, Fore-casts and Companies. Business Insider[EB/OL]. (2020-02-10) [2021-01-01]. https://www. businessinsider.com/commercial-uav-market-analysis?r=US&IR=T.

[13] WAGNER I. Projected U.S. commercial drone market from 2020 to 2022, by key area of Application, Statista[EB/OL]. (2020-02-07) [2020-01-01]. https://www. statista. com/statistics/ 739797/us-commercial-drone-market-breakdown-by-application/.

[14] Counter-unmanned aircraft strategy. Her Majesty's Government[EB/OL]. (2019) [2020-01-01]. https://assets. publishing. service. gov. uk/government/uploads/system/uploads/attach-ment_data/file/840789/Counter-Unmanned_Aircraft_Strategy_ Web_Accessible.pdf.

[15] SACHS G. Technology driving innovation: Drones reporting for work[EB/OL]. (2019) [2020-01-01]. https://www.goldmansachs.com/insights/technology-driving-innovation/drones/.

[16] TOWERS T. Cops warn of drone crime spike thanks to scammers, burglars and paedos taking to using flying cams. The Sun[EB/OL]. (2016-08-08) [2020-01-01]. https://www.the-sun. co. uk/news/1570512/police-report-fourfold-rise-in-crime-re-ports-involving-drones-amid-fears-paedophiles-are-using-them-over-kids-playgrounds/.

[17] KULSOV I. Air alert: 8 dangerous drone incidents. Kapersky Daily[EB/OL]. (2019-10-21) [2020-01-01]. https://www. kaspersky.co.uk/blog/drone-incidents/16832/.

[18] SCHMIDT M S, SHEAR M. D. White House drone crashdescribed as a U.S. worker's drunken lark. New York Times[EB/OL]. (2015-01-27) [2020-01-01]. https://www. nytimes. com/2015/01/28/us/white-house-drone.html.

[19] DJI Has Released the New Firmware v3.12 for Phantom 2 Series Quadcopter. DJI News. DJI Newsroom[EB/OL]. (2015-03-03) [2020-01-01]. https://www.dji.com/newsroom/news/dji-has-released-the-new-firmware-v3-12-for-phantom-2-series-quadcopter.

[20] U.S. Attorney's Office will not pursue charges against man whose errant drone landed at White House. The United States Attorney's Office. District of Columbia[EB/OL]. (2015-03-18) [2020-01-01]. https://www. justice. gov/usao-dc/pr/us-attorneys-office-will-not-pursue-charges-against-man-whose-errant-drone-landed-white.

[21] PIGOTT R. Heathrow plane in near miss with drone. BBC News[EB/OL]. (2014-12-07) [2020-01-01]. https:// www.bbc.co.uk/news/uk-30369701.

[22] ALI A, BALDWIN D. Drone intrusion shuts down dubai. Sharjah Airports, Gulf News[EB/OL]. (2016-10-29) [2020-01-01]. https://gulfnews.com/going-out/society/drone-intrusion-shuts-down-dubai-sharjah-airports-1.1920833.

[23] MCNABB M. Drone operator interviewed in blackhawk helicopter and drone collision, drone life[EB/OL]. (2017-10-06) [2020-01-01]. https://dronelife. com/2017/10/06/drone-operator-interviewed-blackhawk-helicopter-drone-collision/.

[24] PHAM S. Drone hits passenger plan in canada. CNN Business[EB/OL]. (2017-10-16) [2020-01-01]. https://money. cnn. com/2017/10/16/technology/drone-passenger-plane-canada/index. html.

[25] EVANS M. Gatwick airport drone investigation closed by police without anyone being charged. The Telegraph[EB/OL]. (2019-09-26) [2020-01-01]. https://www. telegraph. co. uk/

news/2019/09/26/gatwick-drone-investigation-closed-without-suspect-identified/.

[26] Drone collides with commercial aeroplane in Canada. BBC News[EB/OL]. (2017-10-16) [2020-01-01]. https://www.bbc.co.uk/news/technology-41635518.

[27] CULLEN E. Timeline: How the drone chaos at gatwick airport Unfolded. The Independent [EB/OL]. (2018-12-21) [2020-01-01]. https://www. independent. ie/world-news/europe/britain/ timeline-how-the-drone-chaos-at-gatwick-airport-unfolded-37647539.html.

[28] STEVENSON S. Gatwick chaos: Police to 'SHOOT DOWN' maniac drone that caused 120 000 flight disruptions. The Express[EB/OL].(2018-12-21)[2020-01-01]. https://www.ex-press. co. uk/news/uk/1062090/ gatwick-airport-drone-chaos-shoot-down-drone-christmas-travel-disruption-flight-cancelled.

[29] Press Association. MoD removes anti-drone military hardware from Gatwick. The Guardian [EB/OL].(2019-01-02)[2020-01-01]. https://www.theguardian.com/uk-news/2019/jan/02/mod-removes-anti-drone-military-hardware-from-gatwick.

[30] JACKMAN A. Consumer drone evolutions: Trends, spaces, temporalities, threats[J]. Defence & Security Analysis, 2019, 35(4):362-383.

[31] THOMPSON T. Gatwick drone inquiry has 'No Lines of Inquiry' left to pursue. Police Professional [EB/OL]. (2019-09-21) [2020-01-01]. https://www. policeprofessional. com/news/ gatwick-drone-inquiry-has-no-lines-of-inquiry-left-to-pursue/.

[32] Gatwick drones: sussex police 'Sorry' for arrested couple. BBC News[EB/OL].(2018-12-29)[2020-01-01]. https://www.bbc.co.uk/news/uk-england-sussex-46709353.

[33] LYONS I, MIKHAILOVA A. Gatwick drone investigation: Couple wrongly arrested feel 'Completely Violated', as ministers accuse sussex police of 'Messing Up'. The Telegraph [EB/OL].(2018-12-25)[2020-01-01]. https:// www.telegraph.co.uk/news/2018/12/24/ministers-accuse-sussex-police-messing-gatwick-drone-investigation/.

[34] DETRICK H. Gatwick's december drone closure cost airlines $64.5 million. Fortune[EB/OL].(2019-01-22)[2020-01-01]. https://fortune.com/2019/01/22/gatwick-drone-closure-cost/.

[35] KOLLEWE J, TOPHAM G. EasyJet says Gatwick drone chaos cost it £15 million. The Guardian[EB/OL]. (2019-01-22) [2020-01-01]. https://www. theguardian. com/business/2019/ jan/22/ easyjet-gatwick-drone-cost-brexit-flights.

[36] TOPHAM G. Gatwick drone disruption cost airport just £1.4m. The Guardian[EB/OL]. (2019-06-18) [2020-01-01]. https://www. theguardian. com/uk-news/2019/jun/18/gatwick-drone-disruption-cost-airport-just-14m.

[37] Gatwick drone policing costs 'Shocking'. BBC News[EB/OL]. (2019-03-25)[2020-01-01]. https://www. bbc.co.uk/news/uk-england-47696499.

[38] Gatwick drone arrests: Sussex police pays out £200 000. BBC News[EB/OL].(2020-06-14) [2021-01-01]. https://www.bbc.co.uk/news/uk-england-sussex-53041256.

[39] BURRIDGE T. 'Sustained' drone attack closed Gatwick, airport says. BBC News[EB/

OL].(2019-02-20)[2020-01-01]. https://www.bbc.co.uk/news/business-47302902.

[40] What are the five steps to risk assessment? Worksmart[EB/OL].(2020)[2021-01-01]. https://worksmart. org. uk/health-advice/health-and-safety/hazards-and-risks/what-are-five-steps-risk-assessment.

[41] The climate crisis: A race we can win. United Nations[EB/OL].(2020)[2021-01-01]. https://www.un. org/en/un75/climate-crisis-race-we-can-win.

[42] Drones spotted over seven french nuclear sites. Says EDF, The Guardian. Agence France-Presse[EB/OL]. (2014-10-30) [2020-01-01]. https://www. theguardian. com/environment/2014/oct/30/drones-spotted-over-seven-french-nuclear-sites-says-edf.

[43] About greenpeace. Greenpeace[EB/OL]. [2020-01-01]. https://www. greenpeace. org. uk/about-greenpeace/.

[44] LEVEQUE T, HAMAIDE S L. Greenpeace activist paraglides into French nuclear plant. Reuters [EB/OL]. (2012-05-02) [2020-01-01]. https://uk. reuters. com/article/us-france-nuclear-greenpeace/ greenpeace-activist-paraglides-into-french-nuclear-plant-idUSBRE8410F8201205029.

[45] Greenpeace Protesters Jailed for Fireworks Stunt at French Nuclear Plant. The Local France[EB/OL]. Agence France-Presse. (2018-02-28)[2020-01-01]. https://www.the-local. fr/20180228/greenpeace-protesters-jailed-for-fireworks-stunt-at-french-nuclear-plant.

[46] DE CLERCQ G. Greenpeace crashes superman-shaped drone into French nuclear plant. Reuters[EB/OL]. (2018-07-03) [2020-01-01]. https://uk. reuters. com/article/uk-france-nuclear-greenpeace/ greenpeace-crashes-superman-shaped-drone-into-french-nuclear-plant-idUKKBN1JT17G.

[47] Europa league football match halted by drone flying flag of disputed Nagorno-Karabakh. Euronews[EB/OL].(2019-10-04)[2020-01-01]. https://www.euronews.com/2019/10/04/europa-league-football-match-halted-by-drone-flying-flag-of-disputed-nagorno-karabakh.

[48] Savage battle rages in Iraq for control over nation's biggest oil refinery. The Economic Times[EB/OL]. (2014-06-19) [2020-01-01]. https://economictimes. indiatimes. com/news/inter-national/world-news/savage-battle-rages-in-iraq-for-control-over-nations-biggest-oil-refinery/articleshow/36786767.cms?from=mdr.

[49] TOMLINSON S, EDWARDS L. Obama to unleash air strikes on ISIS: America prepares to target Islamic Fanatics as shiites rush to join 'Peace Brigades' to defend Iraq's holy sites. Daily Mail[EB/OL]. (2014-06-19) [2020-01-01]. https://www. dailymail. co. uk/news/article-2662272/This-similar-Nazi-occupation-Europe-says-Iraqchief-ISIS-burn-cigarettes-Sharia-law-Britain-warned-militants-target-UK.html.

[50] DERZSI-HORVATH A, NASSER H, SCHULZ M. Iraq after ISIL: Baiji. GPPi[EB/OL]. (2017-09-13)[2020-01-01]. https://www.gppi.net/2017/09/13/iraq-after-isil-baiji.

[51] Drones and business espionage: A new corporate threat. Drone Defence[EB/OL].(2017-12-29)[2020-01-01]. https://www.dronedefence.co.uk/drones-and-business-espionage/.

[52]　Defense shield against drone attack. T-Systems[EB/OL].(2020)[2021-01-01]. https://www. t-systems.com/dk/ en/security/managed-cyber-defense/drone-defense.

[53]　Tecniqode. Is paparazzi by drone legal? Martek Counter UAS[EB/OL].(2019-09-03)[2020-01-01]. https://martekcuas.com/is-paparazzi-by-drone-legal/.

[54]　SHERIDAN P, GRAHAM C. Attack of the drones: Hollywood celebrities are besieged by paparazzi spies in the sky. Worried? You should be... Because they'll soon be a regular fixture over YOUR home. Daily Mail[EB/OL].(2014-09-06)[2020-01-01]. https://www.dailymail. co. uk/news/article-2746231/Attack-drones-Hollywood-celebrities-besieged-paparazzi-spies-sky-Worried-You-ll-soon-regular-fixture-YOUR-home. html.

[55]　EU drugs market report 2019. Europol & European Monitoring Centre for Drugs and Drug Addiction[R/OL].(2019)[2020-01-01]. https://static. rasset. ie/documents/news/2019/11/eu-drugs-market-report.pdf.

[56]　DAVIS K. Drone Smuggles heroin into U. S.. The San Diego Union-Tribune[EB/OL]. (2015-08-12) [2020-01-01]. https://www. sandiegouniontribune. com/sdut-drone-smuggle-heroin-us-calexico-drug-2015aug12-story.html.

[57]　WOLFE F. U.S. DEA: Border wall or no, drone drug smuggling likely to increase. Rotor & Wing International [EB/OL].(2019-01-10)[2020-01-01]. https://www. rotorand-wing. com/2019/01/10/u-s-dea-border-wall-no-drone-drug-smuggling-likely-increase/.

[58]　CASTELLANO A. Drug-traffickers intended to transport more than 100 kilos of cocaine with a drone. Panama Today[EB/OL].(2016-11-16)[2020-01-01]. https://www. panamatoday. com/panama/drug-traffickers-intented-transport-more-100-kilos-cocaine-drone-2422.

[59]　Press Association. Seven jailed over plot to fly drugs into UK prisons with drones. The Guardian[EB/OL]. (2018-10-26) [2020-01-01]. https://www. theguardian. com/uk-news/2018/oct/26/seven-jailed-over-plot-fly-drugs-uk-prisons.

[60]　Press Association. Eight jailed over plot to smuggle drugs and phones into UK prisons. The Guardian[EB/OL]. (2017-12-13) [2020-01-01]. https://www. theguardian. com/society/2017/dec/13/eight-jailed-plot-to-smuggle-drugs-and-phone-into-uk-prisons.

[61]　DOFFMAN Z. Warning over terrorist attacks using drones given by EU security chief. Forbes[EB/OL].(2019-08-04)[2020-01-01].https://www. forbes.com/sites/zakdoffman/2019/08/04/europes-security-chief-issues-dire-warning-on-terroristthreat-from-drones/# 4bcb380d7ae4.

[62]　European union terrorism situation and trend report 2019. Europol[R/OL]. (2019-06-27) [2020-01-01]. https://www. europol. europa. eu/activities-services/main-reports/terrorism-situation-and-trend-report-2019-te-sat.

[63]　TARALLO M. Fatalities from terror attacks continue to decrease. ASIS Security Management Magazine[EB/OL]. (2020-03-01) [2021-01-01]. https://www. asisonline. org/security-management-magazine/ articles/2020/03/fatalities-from-terror-attacks-continue-to-decrease/.

[64]　JENKINS M B. The New age of terrorism. RAND[EB/OL]. (2006) [2020-01-01]. https://

www.rand.org/ pubs/reprints/RP1215.html.

[65] RASSLER D. Remotely piloted innovation: Terrorism, drones and supportive technologies. Combating Terrorism Center at West Point, United States Military Academy[EB/OL].(2016-10-20) [2020-01-01]. https://ctc. westpoint. edu/wp-content/uploads/2016/10/Drones-Report. pdf.

[66] Aum shinrikyo: The Japanese cult behind the Tokyo sarin attack. BBC News[EB/OL]. (2018-07-06)[2020-01-01]. https://www.bbc.co.uk/news/world-asia-35975069.

[67] Police National Legal Database, Staniforth. A blackstone's counter-terrorism handbook[M]. Oxford: Oxford University Press, 2013.

[68] INAGAKI K, LEWIS L. Japan executes cult leader behind 1995 Tokyo subway gas attack. Financial Times[EB/OL]. (2013-07-06) [2020-01-01]. https://www. ft. com/content/eafbd67c-80b0-11e8-bc55-50daf11b720d.

[69] SIFTON J. A Brief history of drones. The Nation[EB/OL].(2012-02-07)[2020-01-01]. https: // www.thenation. com/article/brief-history-drones/.

[70] HARMANN K, STEUP C. The vulnerability of UAVs to cyber-attacks: An approach to the risk assessment[C]// 2013 5th International Conference on Cyber Conflict. Tallinn, Estonia:IEEE, 2013.

[71] MCCULLAGH D. Predator drones hacked in Iraq operations. CNET[EB/OL].(2009-12-17) [2020-01-01]. https://www.cnet.com/uk/news/predator-drones-hackedin-iraq-operations/.

[72] COLE A, DREAZEN Y J, GORMAN S. Insurgents hack U.S. drones. The Wall Street Journal [EB/OL].(2009-12-17)[2020-01-01]. https://www.wsj.com/articles/ SB126102247889095011.

[73] PETERSON S. Downed US drone: How Iran caught the 'Beast'. The Christian Science Monitor[EB/OL]. (2011-12-09) [2020-01-01]. https://www. csmonitor. com/World/Middle-East/ 2011/1209/Downed-US-drone-How-Iran-caught-the-beast.

第2章 理解无人机技术

2.1 引　言

搜索 The Free Dictionary 网站可知[1],"无人机"的英文"drone"的最初定义是:"雄蜂,尤指雄性蜜蜂,其特征是无刺、不工作、不产蜜。它唯一的功能就是与蜂王交配。""drone"一词更常规的定义是:"遥控或自主飞行的飞行器,其特征是无人驾驶。"

1935年,美国海军少校(后来成为海军少将)德尔默·法尔尼(1898—1984)将"无人机"一词引入海军,特指一款英国制造的双翼飞机——改良的德·哈维兰DH82B"蜂王"无人机。英国皇家海军将该飞机作为无人驾驶的防空训练靶标,由母舰上的操作员控制飞行,类似于蜂王[2],如图2.1所示。

图2.1　德·哈维兰DH82B"蜂王"无人机
(感谢 www.historyofwar.org 网站授权使用该照片)

历史上,无人机就是为支持军事行动和监视活动而研制的。某种意义上"无人机"的首次使用早在有人驾驶飞行开始之前就有记载。抛开有关13世纪中国就已经开始使用无人飞行器的记载,近代第一次有记载的无人飞行器使用发生在1849年。当时奥地利军队包围了圣马可共和国,他们使用由奥地利制造的无人驾驶热气球对威尼斯进行了轰炸[3]。这次行动中使用的气球的数量仍不确定(数量介于2到200之间),但只有少数气球在合适的风向条件下成功飞抵预定目标,而其中一些气球由于风向原因在放飞后向回飞并轰炸了奥军自己的阵地。在美国内战期间也曾使用过类似的气球[4-5]。

早在1898年的美西战争期间,美国陆军就已开始在战争中使用常规无人飞行器来监视[6]。航空业的进步推动了无人机的发展,第一批无人机就是基于当时飞机的通用结构制造的,这并不奇怪。然而,1922年第一架四旋翼直升机(图2.2)的推出可以被视为许多现代商用四旋翼直升机的源头,尽管它的最大飞行高度只有5 m[7]。

与许多其他现代技术一样,无人机最初的研制和应用主要是为了支持军事应用中的"3D"(即dull枯燥、dirty恶劣和dangerous危险三个单词的首字母)任务[8]。第一次在西方影响巨大的军用无人机的应用发生在1982年的第五次中东战争期间,当时以色列使用无人机对叙利亚进行了通信干扰,同时还侦察了叙方的防空导弹阵地。这次作战行动的成功意义重大,强烈激发了公众对无人机技术的兴趣,为军用无人机的发展提供了强大动力。这最终引起了科学界和商业团体的兴趣,他们利用无人机执行科学任务和其他商业应用。

图2.2　世界上第一架四旋翼直升机

2.2　最常见的无人机应用

虽然最初无人机仅被用于军事目的,但目前其应用范围不断扩大,已广泛应用于人类活动的各个方面。甚至有人预测,无人机可能会像互联网和手机那样,极大地改变我们工作生活的方式。最常见的无人机应用包括:

> 搜救:无人机可在操作人员不存在任何生命风险的条件下,在灾后的"黄金时间"或在搜救行动中提供详细的视频和多传感器数据。

> 巡查:检查的对象包括风力涡轮机、桥梁、建筑工地、供电线路和管道的检查,可降低偏远地区人工巡查的成本。

> 农业:如图2.3所示,这是对农田和作物进行检查,以准确评估农作物的生长情况,并在受病害感染的区域喷洒合适的农药[9]。

图2.3　无人机在农业上的应用
(感谢Rinicom公司提供照片)

> 监控:此类无人机都配备了光电摄像头,但其中许多专业无人机同时配备了光电和红外摄像头。这些摄像头能提供实时视频,帮助调查农村或危险地区。

> 地理测绘:可搭载一个由激光扫描设备和多光谱相机组成的专用设备,收集独特的数据。与传统的人工测绘相比,该手段收集的数据更精确,获取也更方便。

> 无人驾驶货运系统:该应用由亚马逊和谷歌公司共同推动,意图开发一种经济高效、安全环保的方式来交付轻量级邮包。该系统在一个向农村和边远地区运送医疗用品和急救物资的专项应用方面已取得了重大进展。

> 航空摄影:与直升机相比,无人机能够在较低高度悬停,已成功、高效地取代了传统的直升机摄影。

> 环境监测和研究:将无人机用于监测偏远和不安全地区,如火山、冰川和辐射沾染区(如切尔诺贝利禁区),为环境研究提供独特的数据。

最新的技术进步和成本降低显著增加了无人机在民用和娱乐活动中的应用。作为技术进步的副作用,这导致了无人机(有意或无意地)卷入了多起广为人知的安全事件。意识到解决这一问题的重要性,英国民航管理局引入了无人机行为规范[10]这个概念:

➢ 不要在机场附近飞行。

➢ 记住飞行高度需保持在 400 ft(约 121.9 m)以下,距离建筑物和人员至少 150 ft(约 45.7 m)。

➢ 仔细观察飞行中的无人机。

➢ 不要在载人飞行器附近飞行。

➢ 享受飞行的同时需承担相应的责任。

英国民航管理局为所有无人机操控人员制定了以下简要规则[11]:

➢ 始终将无人机置于自己的视线范围内:这意味着你可以在飞行中始终看到它,以免发生意外。

➢ 无人机飞行高度超过 400 ft(约 121.9 m)是违法的:这会增加与常见载人飞行器发生碰撞的可能性。

➢ 从 2019 年 11 月 30 日起,对于质量超过 250 g 的无人机,操作者必须通过无人机飞行考试并在飞行前向民航管理局提出申请:通过考试和飞行申请将有助于确保自身和其他人的安全。

➢ 与他人和财产保持适当距离:距单个人员和财产保持在 150 ft(约 45.7 m)以外,距人群和建筑区保持在 500 ft(约 152.4 m)以上,且不飞越这些人和建筑物。

➢ 法律责任伴随你:不负责任地飞行可能导致刑事起诉,你得为每一次飞行承担法律责任。

➢ 如果无人机危及飞机安全,那就是刑事犯罪,操作人员可能会被判 5 年监禁。

鉴于问题的重要性,英国国家空中交通服务局已经发布了无人机安全飞行的八条优先提示[11]。

在美国,国会通过了联邦航空局 2018 法案重新授权法案,该法案要求无人机操控人员必须通过航空知识和安全测试。它还规定了无人机操控人员如何申请授权在机场等受控空域附近飞行[12]。美国联邦航空局规定对无人机驾驶适用与美国民航局相同的规则(例如,娱乐无人机可以在非受控区域飞行,飞行高度必须控制在 120 m 以下),但它要求无人机操控人员在机场附近飞行之前从联邦航空局获得事先授权。所有经过认证的无人机操控人员都会获得无人机飞行合格证书,该证书类似于司机的驾驶执照。

2.3 无人机配置

本书中,我们所说的无人机是指单个无人机或远程遥控飞机,其本身又是更大无人机系统中的一个组成部分。无人机系统由一架或多架无人机、一个地面站以及无人机和地面站之间的各种通信链路组成。无人机可以在操控人员的操控下进行遥控飞行,也可以利用机载计算机和导航设备实现自主飞行。典型的无人机系统配置如图2.4所示,本章将详细描述该无人机系统的所有部件 。

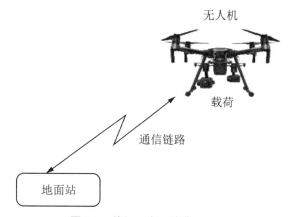

图2.4 单架无人机的典型配置

由于用途广泛,目前无人机还没有统一的分类方法。防务和安全无人机运营商使用自己的标准,而民用运营商和用户也有自己不断发展的无人机分类。尽管存在明显的差异,民用和军用无人机,都依据大小、航程、类型和续航能力等来区分,并采用了与军方类似的层级系统分类[8]。此外,在本章中,我们还将介绍一些最广泛使用的分类标准。

最近,业内引入了无人机集群的概念[13-14],随着在美国海军支持下开发的低成本无人机集群技术的出现[15],无人机集群的使用也变得越来越普遍[13]。这项技术用大量廉价且能力相近的无人机替代少量昂贵的有操作员的无人机,无人机以集群的形式,按机载人工智能和预定飞行计划的引导进行自主飞行。无人机集群的典型配置如图2.5所示。

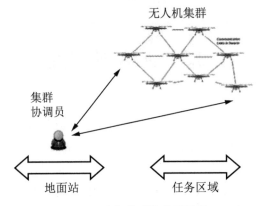

图2.5　无人机集群的典型配置

集群的主要优势是可作为一个具有共同目标的整体来操控。为了实现这一目标,集群必须具备智能和自我配置的能力,能够在特定的时间点根据总体目标和作战场景的具体情况,迅速改变队形和行为。典型的集群包括人工智能和网状网络两个元素,无人机能够知晓彼此的运动状态,并根据总体任务的要求自主创建飞行编队。

操控无人机集群给操作员带来了额外的挑战,因为操作员必须同时管理整个机群,而不是驾驶一架无人机。由于飞行高度低且体积小,防空火力阵地通常看不到集群,即使检测到,这些阵地通常也没有足够的弹药将它们全部击落,这在军事应用中是一个特别的优势,已在2020年对沙特炼油厂的攻击中得到了证明[16]。集群的这些优势为反无人机系统的开发人员带来了额外的挑战,因为对大量无人机同时进行探测、跟踪和目标分类可能会导致很高比例的虚警和漏警。同时,即便反无人机系统检测出集群中的所有无人机并对其进行分类,但由于时间不足或备弹不足,它也可能无法压制所有无人机。

在本书中,开发能够应对单架无人机和无人机集群威胁的反无人机系统还要面对很多额外的挑战,这将在本书的余下章节中逐一进行讨论。

2.4　无人机类别及其分类

2.4.1　无人机类别

没有一个反无机系统能够有效针对所有类型的无人机完成探测、分类和消灭的任务[16-17]。反导防御系统适用于对付大型无人机和导弹,但并不适合处理小型无人机或小型无人机集群;相反,为保护个人隐私或大型活动(摇滚音乐会、足球比赛和其他大型户外活动)而开发的反无人机系统对大型攻击无人机则无能为力。因此,开发反无人机系统的关键要素之一是明确定义相关的安全威胁以及与此威胁相关的无人机类型。这还将确定反无人机系统的成本和性能要求,并允许安全服务部门实施最合适的行动计划,应对检测到的无人机和相关的后续法律调查。因此,必须有一个明确定义的分类系统,以确保系统的开发者、制造商和最终用户概念的一致性。不幸的是,目前还没有统一的无人机分类标准。防务部门作为无人机的早期使用者,使用他们自己的标准。在不同的国家,甚至在同一国家内不同的部门都有各自的标准。例如,美国空军和美国海军陆战队使用各自独立且互不兼容的分类系统。这些分类系统在很多出版物[8,18-22]中都有详细描述。

在这些分类系统中,无人机被分为以下几类:

➤ 垂直起降型(VTOL);

➤ 低空短航时型(LASE);

➤ 低空长航时型(LALE);

➤ 中空长航时型(MALE);

➤ 高空长航时型(HALE)。

参考文献[18]对无人机分类系统进行了最全面的综述,其中包括无人机类别划分法,如图2.6所示,无人机可分为以下几大类:

➤ 无人机(UAV);

➤ 微型无人机(Micro-UAV);

➤ 微型飞行器(MAV);

➤ 纳米飞行器(NAV);

➤ 皮米飞行器(PAV)。

还有一类刚出现的新型无人机,称为微尘无人机[23],由于其体积非常小,常以集群的形式进行飞行。从反无人机系统开发人员的角度来看,这类无人机可能是最具挑战性的无人机,其中每组可能包括相同类型的无人机,例如:

➤ 滑跑起降型:滑跑起降型飞机根据动力安装的位置和方向不同,可以分为尾翼向后型、尾翼向前型、带双尾撑的尾翼向后型和无尾翼型或飞翼无人机[24](这些无人机的推进系统可能位于机身后部或无人机前侧)。

➤ 垂直起降型:垂直起降无人机可以垂直起降,起飞时不需要跑道。

➤ 混合倾斜机翼、倾斜旋翼、倾斜机体和涵道风扇型:这些类型无人机结合了滑跑起降和垂直起降两种类型无人机的能力[25]。

➤ 直升机型:无人直升机有4种类型,即单旋翼机、同轴双旋翼机、纵列双旋翼机和四旋翼机[26]。

➤ 倾转旋翼型:倾转旋翼型无人机是一种使用旋转翼作为桨叶的无人机。其既可以作为直升机垂直飞行,也可以将旋转翼旋转为垂直面作为固定翼无人机飞行。

➤ 各种非常规类型:不能归入之前定义的无人机纳入此类。通常,仿生飞行器被分配到这一类别。

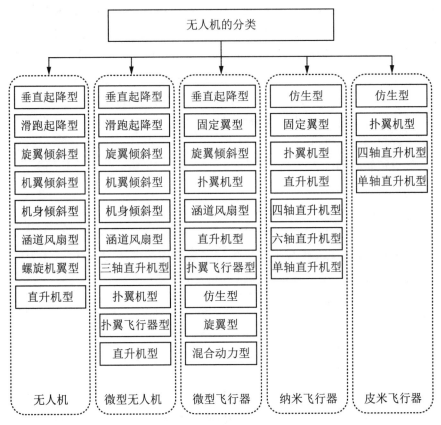

图2.6　无人机分类

图2.7[18]展示了各种类型的无人机。

(a) 滑跑起降无人机　　(b) 垂直起降无人机　　(c) 倾转旋翼无人机

图2.7　各种无人机

| （d）直升机倾翼无人机 | （e）非常规蛋形无人机 | （f）涵道风扇无人机 |

图2.7　各种无人机（续）

依据无人机重量和航程进行分类的标准，详见表2.1。

表2.1　依据无人机重量和航程的分类

序号	描　述	质量范围	航　程
1	近程微型无人机和近程小型无人机	$W \leqslant 5$ kg	25 km$\leqslant R \leqslant$40 km
2	近程轻型无人机	5 kg$< W \leqslant$50 kg	10 km$\leqslant R \leqslant$70 km
3	中程轻型无人机	50 kg$< W \leqslant$100 kg	70 km$\leqslant R \leqslant$250 km
4	普通无人机	100 kg$< W \leqslant$300 kg	150 km$\leqslant R \leqslant$1000 km
5	中程中重型无人机	300 kg$< W \leqslant$500 kg	70 km$\leqslant R \leqslant$300 km
6	中程重型无人机	500 kg$\leqslant W$	70 km$\leqslant R \leqslant$300 km
7	远程重型无人机	1500 kg$\leqslant W$	$R \leqslant$1500 km
8	无人战斗机	500 kg$< W$	$R \leqslant$1500 km

另一个被广泛接受的分类方法是由美国国防部提出的分类，依据无人机尺寸、最大起飞重量、巡航高度和巡航速度分为5类，如表2.2所示[27]。

表2.2　美国国防部的无人机分类

分类	大小	最大起飞质量（kg）	正常工作高度（m）	巡航速度（km/h）
第一组	小型	0～9.1	＜365.8 AGL*	＜185.2
第二组	中型	9.5～24.9	＜1066.8	＜463
第三组	大型	＜598.7	＜5486.4 MSL**	＜463
第四组	更大型	＞598.7	＜5486.4 MSL**	速度不限
第五组	特大型	＞598.7	＞5486.4 MSL **	速度不限

*AGL=相对地面高度。**MSL=海拔高度。注：只要无人机具有下一级的至少一个特征，就将其归入下一级。

2.4.2　按大小分类

2.4.2.1　超小型无人机

超小型无人机的尺寸包括从大型昆虫大小的无人机到30～50 cm长的无人

机。典型的例子是以色列飞机工业公司 Malat 分部(也是著名的"苍鹭"无人机的制造商)制造的"蚊子"监测无人机,该无人机能够垂直起飞和悬停飞行。无人机的翼展为 35 cm,续航时间为 40 分钟。它的有效载荷包括一个 0.15 g 的彩色摄像头和存储卡,并且可以远程管理。无人机飞行时没有噪音,它的 4 只翅膀每秒扑动 14 次,尺寸比自然界的一些蝴蝶还更小一些[28]。

这是无人机系统最具活力的研发领域之一,具有增强功能的新型微型无人机不断推出。已经在各种应用中使用的超小型无人机包括:

✓ 美国极光飞行科学公司研制的飞行滑板(翼展 60 cm,长度 33 cm)[29];

✓ 澳大利亚赛博技术公司研制的 CyberQuad Mini(42 cm×42 cm)及其最新型号 CyberQuad Maxi[18,30];

✓ 霍尼韦尔研制的 T-Hawk 微型无人机,美国陆军和美国海军排爆部门使用该无人机搜索路边炸弹并检查特定目标;

✓ 由挪威的 Prox Dynamics 公司研制的"黑蜂"纳米无人机,英国陆军将其用于步兵侦察行动[31]。

2.4.2.2 小型无人机

小型无人机是指长或宽至少有一个尺寸介于 50 cm~2 m 之间的无人机。大多数小型无人机采用固定翼方式制造,通常采用手抛方式起飞。图 2.8 所示为正在发射的乌克兰子午线公司制造的"观众"无人机。

图 2.8 子午线公司制造的"观众"无人机进行手抛式起飞

俄罗斯 OOO ENICS 公司开发的 MISHEN BERTA 08 无人机是一种用作靶标的小型无人机,该无人机的照片如图 2.9 所示。完整的该无人机系统具有以下特点:

✓ 航程:50 km;

✓ 飞行高度:1000 m;

- ✓ 可同时控制的无人机数量:4;
- ✓ 续航时间:30分钟;
- ✓ 工作温度:−20～+50 ℃;
- ✓ 操作团队:4人。

图2.9　MISHEN BERTA 08无人机

2.4.2.3　中型无人机

中型无人机,其翼展通常可达10 m,有效载荷可达200 kg。由于几乎每个大型防务制造商都有自己的中型无人机版本,因此这些类型的无人机不胜枚举。通用原子公司制造的MQ-9"死神"无人机是中空长航时无人机的典型代表。

2.4.2.4　大型无人机

大型无人机主要用于作战行动,最典型的代表是美国通用原子公司制造的"捕食者"系列无人机和美国诺斯罗普·格鲁曼公司制造的"全球鹰"无人机。

参 考 文 献

[1]　Drone. The Free dictionary[EB/OL].(2019)[2020-01-01]. https://www.thefreedictionary.com/drone.

[2]　RICHARD J. History of war[EB/OL].(2019)[2020-01-01]. https://www.dehavillandmuseum.co.uk/aircraft/de-havilland-dh82b-queen-bee/.

[3]　WATTS A, KOBZIAR L, PERCIVAL H. Unmanned aircraft systems for wildland fire monitoring and research[C]// Proc. of 24th Tall Timbers Fire Ecology Conference: The Future of

Fire: Public Awareness, Health, and Safety, 2009, 2: 86-90.

[4] HAYDON F S. Military ballooning during the early civil war[M]. Balteimore: Johns Hopkins University Press, 2000.

[5] BOWDEN D. Encyclopaedia of war machines: An historical survey of the world's great weapons[M]. London: Peerage Books, 1977.

[6] HANNAVY J. Encyclopedia of nineteenth-century photography[M]. London: Routledge, Taylor & Francis Group, 2007.

[7] FliteTest. A brief history of drones[EB/OL].(2018-02-28)[2020-01-01]. https://www.flitetest. com/articles/a-brief-history-of-drones.

[8] WATTS A C, AMBROSIA V G, HINKLEY E A. Unmanned aircraft systems in remote sensing and scientific research: Classification and considerations of use[J]. Remote Sensing, 2012, 4(6):1671-1692.

[9] Rinicom. Website [EB/OL].(2019)[2020-01-01]. https://www.rinicom.com.

[10] Drone Safe. Website[EB/OL].(2019)[2020-01-01]. http://www.dronesafe.uk.

[11] 8 top tips for flying your drone safely.NATS[EB/OL].(2019)[2020-01-01]. https://www.nats. aero/ droneflyingtips.

[12] ELIAS B, TANG R Y. Federal aviation administration (FAA) reauthorization Issues and Debate in the 115th congress[EB/OL]. (2018-05-29) [2020-01-01]. https://fas. org/sgp/crs/ misc//R45207.pdf

[13] HAMBLING D. Swarm troopers: How small drones will conquer the world. Archangel INK[Z/OL].(2015)[2020-01-01]. https://www.swarm-troopers.com/.

[14] MILLER P M. mini, micro, and swarming unmanned aerial vehicles: A baseline study[R]. Washington, D.C.: Library of Congress, Federal Research Division, 2006.

[15] SMALLEY D. LOCUST: Autonomous, swarming UAVs fly into the future, navy news service. U. S. Navy[EB/OL]. (2015-04-14) [2020-01-01]. https://www. navy. mil/submit/display. asp?story_id=86558.

[16] ROHRLICH J. Drones just attacked the world's largest refinery. Quartz[EB/OL].(2019-09-14) [2020-01-01]. https://qz. com/1709290/drones-attack-worlds-largest-oilrefinery-in-saudi-arabia/.

[17] Reuters. Somali militants attack US drone base and European convoy. The Guardian[EB/OL]. (2019-09-30) [2020-01-01]. https://www. theguardian. com/world/2019/sep/30/somali-militants-attack-us-drone-base-and-european-convoy.

[18] HASSANALIAN M, ABDELKEFI A. Classifications, applications, and design challenges of drones: A review[J]. Progress in Aerospace Sciences, 2017, 91:99-131.

[19] CAVOUKIAN A. Privacy and drones: Unmanned aerial vehicles, ontario, Canada: Information and privacy commissioner of ontario[EB/OL].(2012)[2020-01-01]. https://www.ipc.on. ca/wp-content/uploads/Resources/pbd-drones.pdf.

[20]　GUPTA S G, GHONGE M M, JAWANDHIYA P M. Review of unmanned aircraft system (UAS) technology[J]. International Journal of Advanced Research in Computer Engineering & Technology, 2013,2(4).

[21]　CAI G, DIAS J, SENEVIRATNE L. A survey of small-scale unmanned aerial vehicles: Recent advances and future development trends[J]. Unmanned Systems, 2014, 2(2): 175-199.

[22]　ARJOMANDI A, AGOSTINO S, MAMMONE M, et al. Classification of unmanned aerial vehicle[Z]. Adelaide, Australia: University of Adelaide, 2006.

[23]　VILLA T F, GONZALEZ F, MILJIEVIC B, et al. An overview of small unmanned aerial vehicles for air quality measurements: Present applications and future prospectives[J]. Sensors, 2016, 16(17):1-29.

[24]　STEFANOVIC V, MARJANOVIC M, BAJOVIC M. Conceptual system designs civil UAV for typical aerial work applications[C]// Proceedings of the 5th International Scientific Conference on Defensive Technologies. Belgrade, Serbia, 2012.

[25]　WIKIPEDIA. Bell boeing V-22 osprey[EB/OL]. (2019) [2020-01-01]. https://en. wikipedia. org/wiki/Bell_Boeing_V-22_Osprey.

[26]　AUSTIN R. Unmanned aircraft systems: UAVS design, development and deployment[M]. New York: John Wiley & Sons, 2011.

[27]　U.S. Army roadmap for unmanned systems 2010-2035. U.S. Army[EB/OL]. (2010-04-15) [2020-01-01]. https://ntrl. ntis. gov/NTRL/dashboard/searchResults/titleDetail/ADA518437. xhtml.

[28]　Israeli mosquito-spy butterfly. Top Secret Airplanes[EB/OL]. (2013-05-17) [2020-01-01]. http:// topsecretairplanes.blogspot. com/2013/05/israeli-mosquito-spy-butterfly.html.

[29]　Aurora Flight Sciences. Website[EB/OL].(2020)[2021-01-01]. https://aurora.aero/.

[30]　BRANDON A. CyberQuad: Best of both worlds UAV designed for Urban reconnaissance. New Atlas[EB/OL]. (2009-12-23)[2020-01-01]. https://newatlas.com/cyberquad-uav/13652/.

[31]　PD-100 black hornet nano unmanned air vehicle. Army Technology[EB/OL].(2020)[2021-01-01]. https://www.army-technology.com/projects/pd100-black-hornet-nano/.

第3章 了解你的敌人

3.1 引 言

古代军事家孙子在《孙子兵法·谋攻篇》中说道:"知己知彼,百战不殆;不知彼而知己,一胜一负;不知彼不知己,每战必殆。"

当应用到本书中时,这可以解释为:"如果你就像了解自己一样了解所有非法无人机的优势、劣势和战术,你就能击败它们。如果你不了解面对的无人机,你在反无人机上的努力取得成功的概率连一半都没有。"

更具体地说,在研制反无人机系统时,必须提出以下问题:

✓ 我们如何发现无人机(越远越早越好)?

✓ 我们如何对无人机进行分类(越早越准确越好)?

✓ 我们如何跟踪无人机(时间越长越好)?

✓ 我们如何发现操控人员及其位置(越准确越好)?

✓ 我们如何检测出无人机的任务载荷,并对其进行分类?

✓ 最合适的反无人机对策是什么? 我们应该在什么时候实施?

✓ 我们如何为法庭调查和刑事起诉提供证据?

要回答这些问题,需要对无人机有全面的了解,本章将提供一些基本信息和相关参考资料,以便进行更深入的研究。

3.2 无人机架构

如前所述,无人机的种类和体系结构多种多样。然而,尽管不同的无人机之间有所差异,但对于开发高效的反无人机系统来说,有一些基础知识至关重要。例如,如前所示,每个无人机系统包含一架无人机、一个地面站和一名操控人员以及三者之间的通信链路;因此,反无人机系统的主要目标就是探测三者之间的通信链路。

典型的无人机由以下部件组成:

✓ 发动机或电机单元;

✓ 燃料电池或电池;

✓ 导航系统;

✓ 自动驾驶系统;

✓ 卫星导航模块和相应的卫星导航天线(可以是GPS[2-4]或北斗[5]);

✓ 操控人员的控制信道;

✓ 视频传输的下行链路;

✓ 视频模块(昼夜摄像机、录像机和万向平衡平台);

✓ 各种传感器(这些传感器可能因任务而异,但大多数无人机的标准配置是加速度计、陀螺仪和气压计)。

无人机系统的典型架构如图3.1[6-7]所示。各模块简介如下:

✓ 电源系统模块(PSM):为无人机有效载荷、发动机和飞行控制单元提供电源。根据有效载荷和所选飞行部件的不同,它提供的电压范围从5 V到27 V不等。重要的是,该模块还包含一个备用电池系统,这提高了无人机的可靠性和(潜在)续航时间。在一些配备先进动力系统模块的无人机上,安装了一个电力分配软件,允许用户根据发动机和有效载荷的要求进入省电模式并进行电力回收。

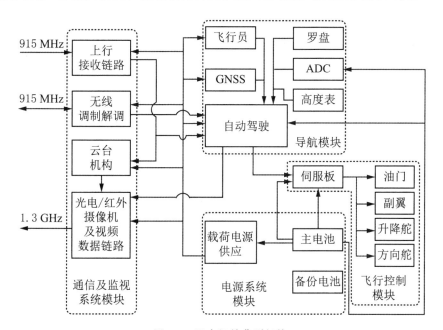

图3.1 无人机的典型架构

   ✓ 通信及监视系统模块：这包含载频为915 MHz的上行链路，用于接收飞控指令和在某些无人机中的云台控制指令，载频为915 MHz的遥测无线调制解调器，载频为1.3 GHz的摄像机和数字视频发送器以及用于控制机载摄像机的云台机构。

   ✓ 导航模块：这包含自动驾驶仪、罗盘、全球卫星导航系统(GNSS)接收器、高度表和大气数据计算机(ADC)。

   ✓ 飞行控制模块：这包括方向舵、升降舵、副翼和油门，全部由伺服电路板控制；伺服电路板本身由自动驾驶仪控制。

3.3　无人机推进系统

   了解无人机推进系统的规格及其工作方式对反无人机系统解决方案的开发人员来说非常重要，因为最有效的对策之一就包括使无人机推进系统熄火。这可以通过多种方式实现(如动能、射频干扰、机械和物理拦截)，因此，了解无人机推进系统的基本知识有助于应用最合适的对抗措施。

   无人机的推进系统包括以下组成[8]：

   ✓ 能源：这可能是单一能源，也可能是两个或多个能源的组合的混合能源。常见的有电力、化石燃料、生物燃料、太阳能、氢燃料电池、甲醇和机械能。

   ✓ 储存设施：根据所使用的能源，实现适当的能量存储方式的设施，例如电池、油箱、电容器和金属氢化物等。

   ✓ 机械能转换器：典型的例子包括燃料电池、电动机和内燃机。

   ✓ 升力/推力转换器：这些系统的选择取决于飞机类型(固定翼飞行器、旋翼飞行器、轻于空气的飞行器)，包括旋翼、螺旋桨或喷气发动机(在某些情况下，是两者的组合形式)。

   大多数现有的无人机使用电池作为主要能源。无人机制造商的首选是锂聚合物电池，因为它们在同等质量下具有较高的能量密度。由于锂聚合物电池是由单个电池串联而成的，所以它们可为不同类型的无人机提供合适的电压和功率。锂聚合物电池的典型结构如图3.2[9]所示。

   如图3.2所示，典型的锂聚合物电池由多个独立的电池单元组成，每个电池单元由一种特殊的金属和化学物质构成，结合起来可以产生电能。最常见的电池单元产生的电压相当于3.7 V，由3个电池单元组成的电池通常用于微型无人机和小型无人机。更高的电压可以通过连接更多的电池单元来实现。锂聚合物电池需要使用专用转换插头进行充电,以确保所有电池的电压均衡,也有助于最大限度地延长电池寿命。安装在小型四旋翼直升机上的典型锂聚合物电池具有以下性能[10]:

✓ 一块规格为4A,4S 的锂聚合物电池在14.7 V电压下可连续输出4 A的电流60分钟,功率达59 W。

✓ 同一电池在14.7 V电压下可持续输出31.5 A电流的时间可达7分钟,功率达460 W。

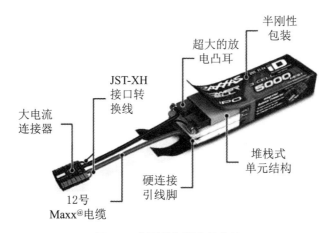

图3.2 典型的锂聚合物电池

由于无人机的续航能力是关键参数之一,因此寻找新的、更高效能源的工作正在持续进行中。近年来,基于燃料电池的无人机推进系统因其有可能极大提高无人机应用效率而备受关注[11]。图3.3为使用燃料电池的无人机[8,12-13]典型推进系统的系统框图。

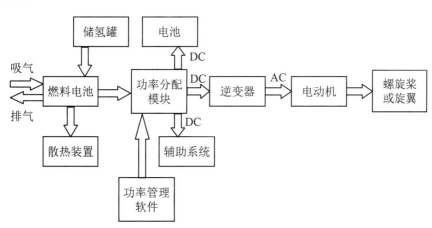

图3.3 使用燃料电池的无人机推进系统

在这个例子中,储氢罐为储存设施,能量由氢产生。燃料电池和电动机组合成机械能转换器,而螺旋桨为升力/推力转换器。

燃料电池的优点刺激了旨在进一步提高其效率的研究,这也就意味着无人机续航时间的延长。据参考文献[14]报道,使用基于燃料电池的推进系统导致无人机的续航时间较使用锂聚合物电池增加了3倍。这些使用风冷的燃料电池系统使用氢气和周边的空气产生低谐波电压,是一种简单、经济、耐用、重量轻的锂聚合物电池替代品。与基于电池的系统相比,它们的发电能量/质量比更高,并且可以在几分钟内重新加满燃料[14]。

无人机及其推进系统的总体效率要取决于许多参数。在本节中,我们将简要描述最关键的部分。为了更全面地回顾,我们将引导读者阅读专门的文献。

以下两个参数决定了无人机电机的选择:

✓ 无人机的总重;

✓ 无人机的框架尺寸(同时也确定了垂直起降无人机的螺旋桨尺寸)。

一旦定义了这些参数,就可以确定单个无人机发动机产生推力的大小。通常,无人机发动机需要提供至少两倍于无人机重量的推力[15]。框架的短边尺寸确定了螺旋桨的最大尺寸。此外,建议在螺旋桨之间留出适当的空间,因为重叠的螺旋桨会降低下方的螺旋桨的推力效率[15]。动力的大小决定了这个无人机的灵活程度,这也是反无人机系统在进行压制时所需要考虑的因素。

无人机电机的另一个重要参数是电机效率,其定义为输出的机械功率和输入电功率的比值[15]。了解这些参数将有助于估计无人机的电池寿命(或续航时间),并作出合理的应对。简要的常用无人机功率要求见表3.1。

如表3.1所示,各种无人机的推进系统不尽相同,这也和大家的直觉保持一致。然而,作为反无人机系统的一个组成部分,推进系统的多样性给反无人机系统对抗措施的制订带来了额外的挑战。从中可以明显看出,当压制中型或大型无人机时,使用针对纳米无人机或小型无人机开发的基于动力学的对抗措施将更加低效。在推导反无人机系统的需求时,需要明确系统所要压制的无人机类型。

表3.1　最常见无人机的功率要求简表

无人机类型	功率要求(kW)
微型无人机	1
直升机型无人机	1
中型无人机	5~10
飞艇型无人机	<10
高空长航时无人机	>10

3.4　无人机导航系统

3.4.1　引言

所有现代无人机都有机载导航系统用于飞行规划、自身和目标的定位、自主飞行和目标检测。以下过程确定了无人机导航的概念[16]：

✓ 制定需要执行的飞行计划；

✓ 确定无人机的位置以及相对于指定飞行计划的位置；

✓ 维持指定飞行计划的实施，纠正对应于飞行计划的所有意外偏离。

自从人类开始长途旅行以来，就一直使用导航系统。最早的导航系统是利用信标导航，就像地标和天空中的星星；之后是专门建造的信标，例如灯塔和用于飞机的无线电导航雷达。现代，导航技术有了巨大的发展，目前主要有以下几种不同类型的导航系统[16]：

✓ （目视）引航：这是基于可视的地标或特殊设计参照物进行的导航。

✓ 天体导航：这是通过测量一个天体（太阳、月亮、恒星）和可见地平线之间的角度而进行的导航。

✓ 推测导航法：这是使用可见的检查点（包括起点在内）以及速度、行驶时间和航向测量等信息来计算出行驶距离的导航。

✓ 惯性导航：这是一个机载导航系统，它融合了来自各种传感器（速度计、高度计、加速度计、陀螺仪和磁强计）的数据，根据已知起点的位置给出系统的当前位置。

✓ 无线电辅助导航：这是一个导航系统，使用来自各种信标（陆基雷达、卫星系统）的无线电信号来计算出当前位置。

导航是一门发展得很好的学科，与本书所讨论的范围相比，它要广泛得多[17-19]。因此，在本节中，我们将只讨论与无人机和反无人机系统中的导航相关的主题。因此，我们将对现代无人机中使用的导航系统进行一个综述。

3.4.2　卫星导航

卫星导航，也称为全球卫星导航系统，是大多数无人机中使用的最常见的导航类型，与智能手机和汽车中使用的导航类型相同。该系统的主要目的是利用一个或多个现有卫星导航系统,如GPS系统[2]、格洛纳斯系统[3]、伽利略系统[4]和北斗系统等[5],确定无人机的位置(经度、纬度、高度)、速度和时间等信息。几乎所有的卫星导航系统都使用卫星作为信标,卫星给卫星导航接收机发送专用的无线电信号。

更具体地说,全球卫星导航基于一个星座,该星座包括几颗中地球轨道卫星,它们分布在几个轨道平面和多个地面站之间。卫星和地面站的数量因系统而异,取决于所需的地球覆盖范围、精度、应用的情况以及其他标准。例如,GPS星座包含了覆盖整个地球的32颗卫星,而格洛纳斯系统由包含了位于3个轨道平面上的24颗卫星组成,主要覆盖北半球[20]。图3.4给出了GPS和格洛纳斯系统星座示意图。

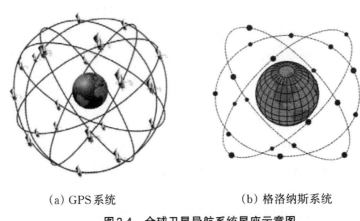

(a) GPS系统　　　　　　　　　(b) 格洛纳斯系统

图3.4　全球卫星导航系统星座示意图

全球卫星导航系统利用卫星传输的时间信号和三角测量的概念,为无人机定位提供了很高的精度。三角测量是通过从已知信标位置到当前位置点构造三角形,继而通过计算来确定出某一准确位置[21]。图3.5显示了无人机、卫星和地面站之间的三角形结构。

为了确定无人机的位置,机载GPS接收器以高精度测量从卫星发送信号(包含轨道数据)的时间以及地面站发送信号到达无人机所需的时间(通常小于100 m/s)。假设无线电波在太空中以30×10^4 km/s的速度传播,测得的传播时间乘以无线电波的速度,就可以获得无人机与卫星之间的距离。这就相当于将接收器放置在一个以卫星为圆心,半径等于计算所得距离的假想球体表面的某个地方。用同样的方式处理来自其他3颗卫星的信号,计算这4个假想球体的交点就可以确定无人机当前的经度、纬度和高度,如图3.6所示(请注意,对于车载导航系统来说,来自3颗卫星的信号就足以确定地表上某点的位置;然而,如果一个物体在地表以上,并且需要了解高度信息,那么来自第四颗卫星的信号是必不可少的)。

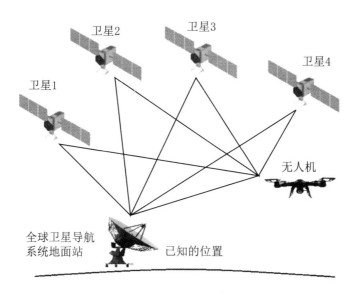

图3.5　全球卫星导航系统中的三角形结构

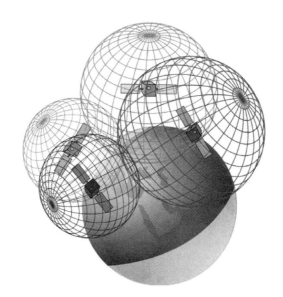

图3.6　无人机的三角测量计算

（www.gisgeography.com网站授权使用）

除了轨道信号（用于计算卫星位置）外，卫星或地面站还传输专用同步信号，用作定时基准并用于准确计算当前的本地时间。星座中的所有卫星都使用原子钟来维持和地面站的时间同步。三角测量中使用的卫星组合的相对运动也会产生多普勒频移[19]，这可以被机载接收机测量，这个信息对计算无人机速度和运动方向至关重要。

尽管全球卫星导航的概念相对简单,但它仍是一个由许多子系统组成的复杂系统,包括:

✓ 卫星星座;

✓ 地面辅助(维护)系统;

✓ 无人机的全球卫星导航系统接收器;

✓ 增强系统:

① 空基增强系统:这将处理全球卫星导航信号以检查完整性。

② 基于卫星的增强系统:它通过参考系统覆盖区域内的地面站的测量数据,来检测全球导航卫星系统的误差,以此校正覆盖区域内的原始导航信息。

③ 地基增强系统:原理与基于卫星的增强系统类似,但在通信频率上使用VHF频段和UHF频段来补充覆盖区域内的原始导航信号。

上述所有全球卫星导航系统均采用相同的原理,主要区别在于星座中的卫星数量、覆盖区域、工作频率和信号带宽等方面。例如,表3.2和表3.3显示了GPS和格洛纳斯系统使用的频段[22]。

表3.2　GPS系统使用的频段

系统/频段	频率/带宽
GPS L1	1575.42 MHz,6.5 MHz
GPS L2	1227.6 MHz,11 MHz
GPS L5	1176.45 MHz,12.5 MHz

表3.3　格洛纳斯系统使用的频段

系统/频段	频率/带宽
GLONASS Ⅰ-L1	1602 MHz,6.5 MHz
GLONASS Ⅰ-L2	1246 MHz,5 MHz
GLONASS Ⅱ-L1	1575.42 MHz,6.5 MHz
GLONASS Ⅱ-L1	1600.995 MHz,15.365 MHz
GLONASS Ⅱ-L2	1248.06 MHz,8.75 MHz
GLONASS Ⅱ-L3	1202.025 MHz,20.46 MHz
GLONASS Ⅱ-L5	1176.45 MHz,10.22 MHz

了解这些参数对于反无人机系统制定干扰对策尤为重要,因为干扰的效率取决于频点的精准度以及干扰带宽。

现代导航系统利用来自多个全球卫星导航系统的信号来提高导航精度和抗干扰能力(例如,如果无人机导航系统同时使用GPS和格洛纳斯系统的接收芯片,那么仅干扰GPS信号不会影响格洛纳斯系统的导航,反无人机系统将无法实现其目标)。因此,反无人机系统干扰解决方案的开发人员在整体解决方案中应提供干扰多个全球卫星导航系统的选项。

3.4.3 基于非卫星导航的导航系统

无人机使用卫星导航系统为用户提供了明显的益处。然而,在许多应用中,不建议使用卫星导航或者说卫星导航不适用,作为替代方案的非卫星导航系统就引起了人们强烈的兴趣。毫不奇怪,无人机的一些非正当用户也对在不依赖卫星导航系统(可能会被干扰或欺骗)的情况下实现自己的目标有着强烈的兴趣,这对开发基于非卫星导航的无人机导航系统产生了强烈的促进作用。尽管这些系统仍处于开发或初步应用阶段,不够成熟,但从反无人机系统开发的角度来看,必须确保已开发的反无人机系统能够压制不采用卫星导航的无人机。

传统上,非卫星导航系统采用惯性导航(简称为惯导)系统。最常见的惯导系统使用加速度计测定系统加速度,使用陀螺仪确定各姿态角的旋转角度[23]。惯导系统的通用框图如图3.7所示。

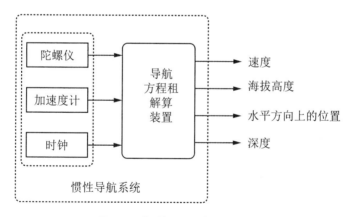

图3.7 典型惯导系统的结构图

如图3.7所示,加速度计和陀螺仪封装在一起,组成惯性测量单元,提供导航计算所需的参数信息。如果在运动开始时知道初始位置,惯导系统可以根据惯性测量单元的读数、经过的时间和导航计算结果来确定系统的位置、方向和角速度。惯导系统的主要问题是随着时间的推移,误差不断积累,定位精度下降。因此,在飞行过程中需定期重新校准,才能保证导航所需的精度。为了实现这一点,最先进的无人机已经将惯导系统和卫星导航接收器组合起来。在卫星信号不可用或可能被干扰期间,惯导系统接管整个系统的导航。正在开发中的卫星导航/惯导融合算法充分利用了这两种技术的优点,能够减小惯导系统使用中产生的累积误差。

　　另一种有前途的基于非卫星导航的导航方式是图像辅助导航,它利用光电和红外传感器生成图像和三维地形图像匹配来进行导航。光电和红外传感器拍摄的图像与存储的图像地图相关联,计算出定位误差并校准惯导系统。这种方法不需要任何额外的陆基基础设施,可以与惯导系统深度融合。这种方法的准确性取决于预先安装在系统里的地图图像和地形地标的丰富程度,在沙漠或海洋等缺少地标的环境中效果不佳[24]。目前由著名GPU制造商NVIDIA公司开发的一个系统就是很好的例子,该系统依赖视觉识别和JETSON TX1机器学习模块来处理两个机载摄像头的数据。尽管该系统仍处于开发阶段,但早期的试用中,无人机成功地在树林之间导航,在密林中的演示飞行显示出令人满意的性能[25]。

　　澳大利亚的Locata公司正在开发另一种替代导航系统LOCATA[26]。一个基于地面的收发器网络形成一个定位网络,该网络可与全球卫星导航系统结合使用,或完全独立于全球卫星导航系统(例如,室内或城市地区)运行,提供厘米级的精度。由于信号强度是全球卫星导航系统信号的10^6倍,因此该系统非常可靠且不易干扰。LOCATA系统的概念图如图3.8所示。

全球卫星导航系统的卫星　　　　　　　　全球卫星导航系统的卫星

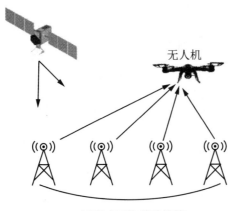
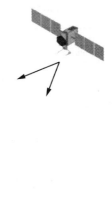

无人机

蜂窝式网络基础设施

图3.8　LOCATA系统的概念图

　　英国的BAE系统公司也采用了类似的方法,它引入了一种无人机导航定位系统,该系统使用机会信号,称为导航机会信号[27]。虽然系统在大多数情况下表现出良好的性能,但当一个特定来源(例如蜂窝通信基站)的信号主导其他信号时,三角测量不再适用,其性能会显著恶化。

　　量子导航系统是非常有前途的替代导航系统之一(尽管在撰写本书时仍处于非常初级的开发阶段)。该系统利用激光捕捉并冷却真空中的原子云,使其达到绝对零度以上的 0.1 ℃。一旦冷却,原子就会达到一个容易被外力扰动的量子态,然后可以用另一束激光跟踪它们。系统监控扰动引起的变化,根据检测到的变化估计外力的大小[28]。该系统已经在实验室和早期试用环境中表现出了卓越的性能;然而,其目前的尺寸和重量还不适合无人机应用。

3.5 通信链路

3.5.1 引言

大多数现代无人机都有多种基于不同应用的通信系统:
- ✓ 与地面站沟通的飞行控制和指令信道;
- ✓ 与机群中其他无人机进行的通信;
- ✓ 视频和数据链接;
- ✓ 传感器数据的遥测通道。

通常,遥测和指令信道与视频数据链路和传感信道分开实现。然而,在一些消费型纳米无人机和微型无人机中,这些信道是组合在一起的(例如飞行控制和传感遥测信道)。在执行重要任务的无人机中,这些系统通常使用不同的通信协议,在不同的频率运行,以确保通信的可靠性和鲁棒性。

与所有无线电通信系统一样,无人机的通信链路必须在权威监管机构指定的频段内运行,如英国的通信事务局或美国的联邦通信委员会。对于民用无人机应用,分配了以下频率:
- ✓ 2.4~2.485 GHz:用于一般控制的扩频带;
- ✓ 900 MHz,1.2 GHz,2.4 GHz,5.8 GHz:用于有效载荷的通信和视频传输;
- ✓ 433 MHz 或 869 MHz:遥测传输;
- ✓ 5030~5091 MHz:用于小型无人机系统(美国联邦通信委员会正在研究中)。

3.5.2 无人机控制

无人机的指控信号并不需大的带宽,而是需要极高的可靠性,在远距离通信时仍保证链路可用。值得一提的是,指控数据在上行链路和下行链路信道中所要求的数据率也不同,因为上行链路用于控制无人机,根据需要更改飞行计划,并利用加密协议防止未经授权的使用。飞行中各个阶段的带宽要求也不同,因为途中的数据率要求远低于飞机起降阶段的数据率要求。这是因为附加信息(如GPS的同步信息)在起降阶段传输,但在航路飞行阶段不传输。例如[29],在可能发生碰撞或系统发生问题期间,无人机每秒将发送4条消息;在起飞和着陆时,同一无人机每秒将发送1条GPS同步信息;在执行任务的飞行途中,无人机每10 s只发送1条信息。此外,启飞和降落的重传率通常是途中阶段的两倍,而在自动模式下,数据率要求低于手动模式,因为报告发送频率降低到5％[30]。

表3.4列出了遥测和遥控链路的原始数据(无额外开销)速率要求(注:数据速率单位为bit/s)[30]。

表3.4　无人机控制带宽要求

(单位:bit/s)

	飞 行 阶 段					
	起 飞		途 中		降 落	
	自动模式	手动模式	自动模式	手动模式	自动模式	手动模式
遥测下行链路	480	3008	280	1240	672	4008
遥控上行链路	408	1256	152	632	656	2424

目前无人机使用的指控数据链路中最常用的频点是433 MHz、869 MHz和900 MHz。使用这些频段,在诸如城市、树木繁茂或山区等非常具有挑战性的环境中,也可以用相对较小的发射功率(因此不会耗尽无人机电池)实现远距离通信(高达75 km)。

从反无人机的角度来看,对指控通信链路的了解对于无人机探测和分类至关重要,反无人机系统提供的工具应该可以实现对这些链路的压制。

3.5.3　视频传输

视频传输链路已经从传统的模拟视频传输系统发展到带有集成MPEG-2/MPEG-4视频编解码器的单向编码正交频分复用(COFDM)数据链路,再发展到能够传输多路高清视频流的基于IP的双向COFDM链路[31-35]。最初为数字电视[36]开发的COFDM的使用是技术上的一大进步,极大地拓宽了无人机的应用范围。

COFDM的基本原理是将可用的信道带宽划分为多个子信道(子载波),并将输入的高速数据多路分配到这些子信道中。通过选择非常大的子载波数(有几千个),符号持续时间将相应增加,并且子信道将是非常窄的带宽,具有很好的抗衰减特性。这减少了多径延迟扩展引起的相对时间色散量,并使均衡过程相对简单[36]。为了获得较高的频谱利用率,各子信道的频谱响应必须是重叠的,满足正交关系。

为了消除码间干扰,在每个COFDM符号中引入保护间隔。该保护间隔必须大于信号传播的预期延迟。在这种情况下,两个相邻符号之间的多径分量不会相互干扰,而由COFDM发射机和接收机之间的相对运动引起的多普勒频移的影响可以通过改变保护间隔来控制。

如果在保护间隔期间没有符号发送,则子信道之间的正交性将丢失,从而导致信道间干扰。为了消除信道间干扰,通过引入循环前缀,COFDM系统在保护间隔内实现循环扩展[37]。该前缀是COFDM符号最后一部分的副本,如图3.9所示。

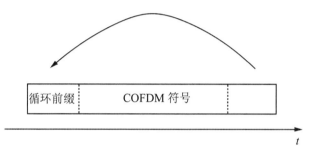

图3.9 循环前缀的插入

无人机中最流行的COFDM数据链路工作在1.3 GHz、2.4 GHz和5.8 GHz频段。值得一提的是,2.4 GHz和5.8 GHz频段主要用于使用Wi-Fi信号的纳米无人机和小型无人机,因此也具有Wi-Fi的所有优点和缺点。大多数非消费型无人机使用1.3 GHz频段的COFDM链路,通过专用加密(通常为AES-256)进行增强,通过1 W的机载功率放大器,最终的有效使用距离可接近100 km[34]。

一些无人机携带多个摄像头载荷。这些可能包括一个用于监控的光电/红外摄像头以及一个用于自动模式下感知和避撞的专用摄像头。因此,视频数据链路必须能够同时传输多个视频流,这就对信道带宽提出了额外的要求,例如在所需带宽内对视频流进行优先级排序,并快速下载录制的视频。

表3.5总结了其他频段的优缺点。

表3.5 其他频段的优缺点

频 段	作用距离 (mi,1 mi=1.609 km)	注 释
3 GHz	40+	信号穿透能力很强
4 GHz	15+	与2.4 GHz的控制信号存在潜在的干扰
8 GHz	5+	在非视距条件下表现良好

3.5.4　军用无人机的通信系统

与民用无人机相比,军用无人机的任务持续时间通常较长,除了需要从空中提供下方战场的视频图像外,有时还需要附加打击能力。军用无人机要求能在存在信号干扰的环境下运行,这对通信链路提出了额外的要求。当存在信号干扰时,这可能会同时影响到控制链路和视频数据链路。因此,大多数军用无人机设计为在失去通信联络后自动返回基地,或利用惯导系统切换到自主飞行模式[38]。军事应用中的另一个挑战是友军之间战术无人机系统之间需要的互操作性,因为传统上,军用无人机系统是由多家供应商开发,各自都使用了专用的遥测和传感器数据流。因此,系统之间缺乏互操作能力,降低了盟友之间共享资源的能力,使得无人机作战概念更加复杂。

为了应对这些挑战,1998年,一个由政府和行业成员组成的北约专家团队开始制定北约标准化协议4586(称为STANAG-4586),该协议定义了无人控制系统可交互操作的接口标准[39]。它定义了体系结构、接口、通信协议、数据元素和消息格式,涵盖了数据链路、命令和控制以及人机界面几个部分。

STANAG-4586定义了5个互操作性级别,代表用户对无人机、其有效载荷或两者的控制程度。这些级别的定义如下:

✓ 1级:无人机相关数据和元数据实现间接收发;

✓ 2级:无人机相关数据和元数据实现直接收发;

✓ 3级:实现对无人机载荷的有效控制和监控,但对无人机不能进行操控;

✓ 4级:实现对无人机的有效控制和监控,不包括无人机的发射和回收两个环节;

✓ 5级:实现对无人机的有效控制和监控,也包括无人机的发射和回收两个环节。

STANAG-4586没有规范无人机系统的硬件、软件、设计或材料。相反,本标准的目标是规定无人机控制系统的整体架构、数据链路接口、指挥控制接口和人机控制接口。

典型的军用无人机通信载荷系统如图3.10[38]所示。

如图3.10所示,一架典型的军用无人机在低频和高频段(UHF和C/L/S/Q/KU波段)有两个上行链路,在高频段(C/L/S/Q/KU)有一个下行链路。这是为了提高无人机控制的可靠性(通过上行链路完成),因为失去上行链路可能会导致无人机失控继而发生损毁。两个上行链路同时在不同的频率上进行传输。基于这种配置,无人机有一个UHF天线用于上行链路传输,和一个集成高频天线(C/L/S/

Q/KU)用于上行链路和下行链路的高频信道传输。

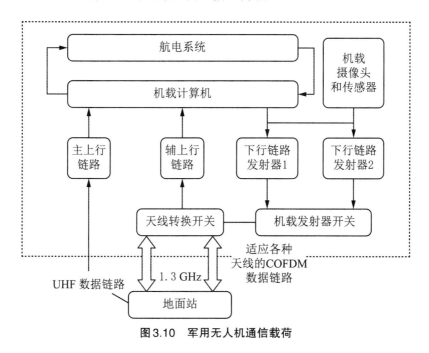

图3.10 军用无人机通信载荷

3.5.5 无人机集群通信

如上所述,新型无人机集群有望在各种作战场景中取代传统的无人机,它们克服了传统单架无人机的如下缺点:

✓ 有效载荷有限;

✓ 飞行时间有限;

✓ 需要操控人员远程遥控操作无人机。

同时,新型无人机集群提供了以下优势[40]:

✓ 节省时间;

✓ 减少工时;

✓ 减少劳动力和其他相关运营费用。

然而,这些优势只有通过对无人机架构进行一系列重大改进(包括更改无人机通信链路等)才能实现。图3.11展示了传统单个无人机的典型通信架构。

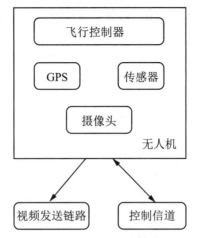

图3.11　传统单个无人机的典型通信架构

无人机集群的典型通信架构如图3.12所示。

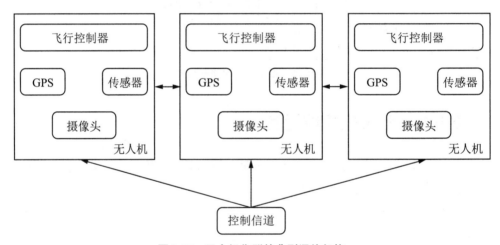

图3.12　无人机集群的典型通信架构

从这些图片可以看出,无人机集群的通信系统能够应对以下挑战:

✓ 无人机集群中多个无人机在控制信道上共享带宽;

✓ 无人机集群中无人机之间实现通信;

✓ 根据任务场景的不同决定服务质量和自适应优先级。

在不依赖额外地面基础设施的情况下,能够满足所有这些要求的唯一解决方案是具有智能路由协议的动态自组织网格网络[34]。无线自组织网络(有时也称为无基础设施通信网)是一种不依赖现有基础设施建立和维护的无线网络。它不需要路由器或接入点,其节点是基于动态路由算法动态分配和重新分配的。

在文献[41-42]中,一个名为FANET的飞行自组织网络提出在群中的所有无人机之间提供通信链路。在FANET中,所有无人机在没有任何集中接入点或地面基础设施的情况下彼此建立通信。从理论上讲,所有无人机都可以与地面基站通信,但在实践中,只需一台无人机连接到地面站就足够了,如图3.13[40]所示。

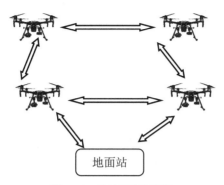

图3.13　FANET的配置

无人机在集群中的位置不断改变,为了实现无人机之间的不间断通信,需要一个不依赖任何预装基础设施的分布式决策系统。这允许在各种没有提前准备的场景中使用无人机群。然而,群中的动态路由通常会导致数据包丢失,当无人机之间需要精确的数据交换时,这可能会成为一个重要的限制因素。

为了解决这个问题,一种利用动态自组网和地面基础设施相结合的混合方法有望达到期望的性能。参考文献[40]提出了这样一个解决方案:每架无人机的遥测通过蜂窝式移动基础设施与其他无人机通信,如图3.14所示。

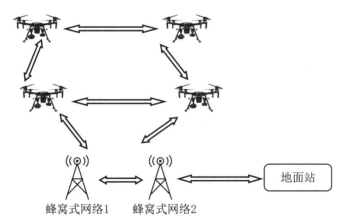

图3.14　无人机集群采用的网格-蜂窝混合式网络

欧洲民用航空电子设备组织WG-105标准化小组提出了类似的方法,该小组考虑了将LTE地面基础设施作为无人机指控链路和通信链路[43]。这种方法的限制因素是地面基础设施是否可用。

然而,随着5G网络的出现,将有足够的地面基础设施,FANET与5G基础设施的集成可能会带来非常有希望的结果,为无人机群提供新的机会。

3.6 无人机有效载荷

围绕无人机有效载荷这个主题本身就可以形成一本完整的图书,在一节中要介绍清楚所有可能的无人机有效载荷类型也是不可行的。因此,本书将从反无人机系统开发人员和操作人员的角度简要讨论这个问题。

在某些反无人机的场景中,对无人机的压制(例如将其击落)可能会导致重大的附带损害或者带来核、生、化、辐射和爆炸等方面的安全威胁。同时,在许多威胁场景中,不是消灭无人机本身而是使相关的机载传感器失效就够了。例如,当入侵无人机侵犯明星隐私或旨在获取不对公众开放的活动(如音乐会、婚礼)的未授权影音记录时,使机载摄像头或视频数据链路失效就足够了,而不需要击落无人机。因此,了解有效载荷的类型对于反无人机系统的成功运用至关重要。

无人机有效载荷是指无人机可以携带的除了自身重量以外的重量[44]。它包括无人机之外的任何东西,比如额外的摄像头、传感器或运送的包裹。因此,无人机所能携带的有效载荷越大,其携带的特定工具所提供的操作灵活性就越高。就像生活的方方面面一样,这是一个复杂的问题,需要仔细考虑和折中。例如,增加有效载荷的重量将提高无人机的工作能力,但同时减少了飞行时间,最终也就降低了工作能力。因此,在有效载荷的重量和所需飞行时间之间总是存在一种平衡。

通常,无人机有效载荷:

✓ 对飞行至关重要;

✓ 对提供所需服务至关重要。

对飞行至关重要的有效载荷在前几节进行了描述,通常包括:

✓ 全球卫星导航系统接收器;

✓ 全球卫星导航系统天线;

✓ 惯性导航系统;

✓ 用于视觉导航的摄像头。

提供服务所需的有效载荷更加多样化,包括:

✓ 稳定的光电/红外摄像机;

✓ 所有类型的传感器(关于核、生、化、辐射和爆炸的传感器、频谱分析仪);

✓ 激光雷达;

✓ 雷达;

✓ 递送的包裹;

✓ 提供服务所需的任何其他东西,如农用喷雾系统或医疗急救系统等。

最常用的无人机有效载荷是稳定摄像机。这些摄像机种类繁多,从分辨率不断提高的 GoPro 运动摄像机到与无人机稳定系统相结合的专门定制摄像机,不需重型惯性机械部件即可实现云台的所有功能[34]。由于并非所有无人机任务都需要所有传感器,许多无人机被设计为可以根据需要进行添加或移除各种有效载荷。读者可参阅文献[44-45]获得更多详细信息。

小　　结

在第二部分中,本书展示的无人机技术并非静止的,本书对各种技术进行了简要综述,这些技术对于理解无人机以及开发合适的反无人机解决方案以消除非法飞行的无人机干扰至关重要。随着无人机市场的急剧扩张,新型无人机的应用市场范围更加多样化,本书专注于无人机的一般概念和功能,而这些适用于各种类型的无人机。本书在第二部分用很大一部分篇幅专门讨论了无人机的分类,因为没有一个反无人机系统能够有效地对抗所有类型的无人机,因此,明确所需的反无人机系统将针对哪些无人机至关重要。

本书致力于无人机导航系统,因为压制导航系统仍然是首选的对抗无人机措施。本书还指出,基于新技术进步的市场扩张,这为反无人机系统的开发人员带来了新挑战。本书组织了一个专门章节对基于非全球卫星导航方式的导航系统进行了讨论,因为能够在卫星导航无效的环境中运行的无人机将能够适应目前为反无人机应用开发的所有射频干扰系统。

第二部分还讨论了无人机的通信链路,因为在许多应用中,对通信链路进行压制可能是有效且不太昂贵的解决方案。然而,无人机集群和 5G 蜂窝技术的引入将带来新的挑战,因为支持 LTE/5G 的无人机群对通信范围几乎没有限制,干扰这些无人机将意味着对现有的通信网络进行干扰,这可能会造成更大的附带损害。

本书认为,大量无人机的引入带来了新的挑战,尤其是在防务环境中。例如,由于无人机集群中的无人机数量很可能大于拦截无人机的捕获能力,因此拦截无人机很难充分压制无人机集群。

最后,本书认为,反无人机技术的扩散也将加速推动新无人机的开发,这种无人机将能够对抗反无人机系统,而且这种你追我赶的景象将在可预见的未来持续呈现。

参 考 文 献

[1] SUN T. The Art of war[M]. Maple Classics, 2012.

[2] KAPLAN E. Understanding GPS: Principles and applications[M]. Norwood: Artech House, 1996.

[3] POLISCHUK G M, KOZLOV V I, ILITCHOV V V, et al. The global navigation system glonass: Development and usage in the 21st century[EB/OL].(2002-12)[2020-01-01]. https://apps.dtic.mil/dtic/tr/fulltext/u2/a484380.pdf.

[4] GALILEO GNSS. Website[EB/OL].(2019)[2020-01-01]. https://galileognss.eu/.

[5] The construction of BeiDou navigation system steps into important stage: 'Three Steps' development guideline clear and certain (in Chinese).China National Space Administration [EB/OL].(2010-05-19)[2020-01-01]. http://www.beidou.gov.cn/zt/dhnh/dyjdhnh/xwzx_1388/201710/t20171025_5617.html. 附中文原文献：国家航天局. 北斗卫星导航系统建设进入重要阶段 "三步走" 发展路线图清晰明确[EB/OL].(2010-05-19)[2020-01-01]. http://www.beidou.gov.cn/zt/dhnh/dyjdhnh/xwzx_1388/201710/t20171025_5617.html.

[6] BAMBERGER R J, WATSON D P, SCHEIDT D, et al. Flight demonstration of unmanned aerial vehicle swarming concepts[J]. John Hopkins APL Technical Digest, 2006, 27(1): 41-55.

[7] TEH S K, MEJIAS L, CORKE P, et al. Experiments in integrating autonomous uninhabited aerial vehicles (UAVs) and wireless sensor networks[C]// Australasian Conference on Robotics and Automation. Canberra, Australia, 2008.

[8] GONZÁLEZ-ESPASANDÍN Ó, LEO T J, NAVARRO-ARÉVALO E. Fuel cells: A real option for unmanned aerial vehicles propulsion[J]. The Scientific World Journal, 2014:12.

[9] Drone battery. What is a LiPo Battery? RC Drone & FPV Lipo Battery[EB/OL].(2016-12-21)[2020-01-01]. https://dronebattery.wordpress.com/2016/12/21/what-is-a-li-po-battery/.

[10] GOLI N. Development of an integrated UAS for agricultural imaging applications[C/OL]// 15th AIAA Aviation Technology, Integration, and Operations Conference. Dallas, TX, 2015. https://doi.org/10.2514/6.2015-3286.

[11] ROESSLER C, SHOEMANN J, BEIER H. Aerospace applications of hydrogen and fuel cells[C]// Proceedings of the WHEC. Essen, 2010: 661-680.

[12] ARÉVALO N E, MOSQUERA O, BERNARDI A D. Diferentes opciones de propulsion para una future aviación general con sensibilidad Ambiental[C]// 2nd Congreso Argentino de Ingeniería Aeronáutica. Córdoba, Argentina, 2010.

[13] GONZÁLEZ-ESPASANDÍN Ó, LEO T J, NAVARRO E. Fuel cells: Alternative propulsion for unmanned aerial vehicles[C]// Proc. on Workshop on Research, Development and Education on Unmanned Aerial Systems (RED-UAS '11). Seville, Spain, 2011.

[14] Fuel cell powers for UAVs. Intelligent Energy[EB/OL]. (2019)[2020-01-01]. https://www. intelligent-energy. com/our-products/uavs/.

[15] The beginner's guide to drone motor essentials. Drone Omega[EB/OL].(2019)[2020-01-01]. https://www. droneomega.com/drone-motor-essentials/.

[16] Global navigation satellite system (GNSS). UAV Navigation[EB/OL]. (2019)[2020-01-01]. https://www. uavnavigation. com/support/ kb/general/general-system-info/global-navigation-satellite-system-gnss.

[17] BHATTA B. Global navigation satellite systems: Insights into GPS, GLONASS, Galileo, Compass and others[M]. Boca Raton, FL: CRC Press, 2011.

[18] TEUNISSEN P J G, MONTENBRUCK O, et al. Handbook of Global navigation satellite systems[M]. New York: Springer, 2017.

[19] RE E, RUGGIERI M. Satellite communications and navigation systems[M]. New York: Springer, 2007.

[20] BHATTA B. Global navigation satellite systems: Insights into GPS, GLONASS, Galileo, compass and others[M]. Boca Raton, FL: CRC Press, 2011.

[21] Triangulation, encyclopedia britannica. Britannica[EB/OL].(2019)[2020-01-01]. https://www. britannica.com/ topic/triangulation-navigation.

[22] GNSS frequency band | GPS frequency band-GPS L1, GPS L2, RF wireless world[EB/OL]. (2019) [2020-01-01]. https://www. rfwireless-world. com/Terminology/GPS-Frequency-Band-and-GNSS-Frequency-Band.html.

[23] LE MIEUX J. Explaining the alternatives for UAV navigation, defence iQ[EB/OL].(2012-08-28) [2020-01-01]. https://www. defenceiq. com/air-forces-military-aircraft/articles/explaining -the-alternatives-for-uav-navigation.

[24] KRAJNIK T, NITSCHE M, PEDRE S, et al. A simple visual navigation system for an UAV[C]//International Multi-Conference on Systems, Signals & Devices. Chemnitz, Germany:IEEE, 2012.

[25] RIDDEN P. Nvidia's autonomous drone keeps on track without GPS. New Atlas[EB/OL]. (2017-06-14) [2020-01-01]. https://newatlas. com/nvidia-camera-based-learning-navigation/ 50036/.

[26] About Us. Locata[EB/OL].(2019)[2020-01-01]. http://www.locata.com/about/.

[27] BAE Systems. Navigation via signals of opportunity (NAVSOP)[EB/OL].(2019)[2020-01-01]. https://www. baesystems.com/en/ product/navigation-via-signals-of-opportunity-navsop.

[28] MARKS P. Quantum positioning system steps in when GPS fails. Technology Daily Newsletter, New Scientists[EB/OL]. (2014-05-14) [2020-01-01]. https://www. newscientist.

com/article/mg22229694-000-quantum-positioning-system-steps-in-when-gps-fails/.

[29] BARNARD J. Small UAV command, control and communication Issues[C]// 2007 IET Seminar on Communicating with UAV's. London, UK:IET, 2007.

[30] KAKAR J A. UAV communications: Spectral requirements, MAV and SUAV channel modeling, OFDM waveform parameters, performance and spectrum management[D]. Blacksburg, VA: Virginia Polytechnic Institute and State University, 2015.

[31] Podnode-I. Rinicom[EB/OL].(2019)[2020-01-01]. https://rinicom.com/communications/pod-nodes/podnode-i/.

[32] R1000. Rinicom[EB/OL]. (2019) [2020-01-01]. https://rinicom.com/communications/r1000-cofdm-video-links/ r1000/.

[33] R1000HD. Rinicom[EB/OL]. (2019) [2020-01-01]. https://rinicom.com/communications/ r1000-cofdm-video-links/ r1000hd/.

[34] Website. Rinicom[EB/OL].(2019)[2020-01-01]. https://www.rinicom.com.

[35] Rinicom Ltd and FOLIUM science wins innovate UK award to develop new technology to treat blights in world crops. Rinicom[EB/OL].(2019-01-07)[2021-01-01]. https://rinicom.com/rinicom-ltd-and-folium-science-wins-innovate-ukaward-to-develop-new-technology-to-treat-blights-in-world-crops/.

[36] DRURY G M, MARKARIAN G, PICKAVANCE K. Coding and modulation for digital television[M]. Boston: Kluwer Academic Publishers, 2000.

[37] PELED A, RUIZ A. Frequency domain data transmission using reduced computational complexity algorithm[C]// IEEE Intl. Conf. on Acoustics, Speech, and Signal Processing. Denver, USA:IEEE, 1980:964-967.

[38] ÇUHADAR I. Dursun M. Unmanned air vehicle system's data links[J]. Journal of Automation and Control Engineering, 2016, 4(3):189-193.

[39] STANAG-4586. Lockheed Martin[EB/OL].(2019)[2021-01-01]. https://www.lockheedmartin.com/en-us/products/ cdl-systems/stanag-4586.html.

[40] CAMPION M, RANGANATHAN P, FARUQUE S. UAV swarm communication and control architectures: A review[J]. Journal of Unmanned Vehicle Systems, 2019, 7(2):93-106.

[41] BEKMEZCI I, SAHINGOZ O Z, TEMEL S. Flying ad-hoc networks (FANETs): A survey [J]. Ad-hoc Networks, 2013, 11(3):1254-1270.

[42] SAHINGOZ O K. Networking models in flying ad-hoc networks (FANETs): Concepts and challenges[J]. Journal of Intelligent Robotic Systems, 2014, 74(1-2): 513-527.

[43] EUROCAE. Working groups[EB/OL]. (2020) [2021-01-01]. https://eurocae.net/about-us/working-groups/.

[44] Understanding drone payloads, coptrz. Hayley[EB/OL]. (2016-06-07) [2020-01-01]. https:// www.coptrz.com/ understanding-drone-payloads/.

[45]　FAHLSTROM P G, GLEASON T J. Introduction to UAV systems[M]. 4th ed. New York: John Wiley & Sons, 2012.

[46]　SHARMA P. Global stratospheric UAV payloads technology market: Analysis and opportunity assessment 2019-2025[R].(2019).

第4章 反无人机系统涉及的问题

4.1 引 言

这就像电脑的故事。起初,你需要整个房间来容纳一台电脑。现在每个人的口袋里都有一个。

——硅谷初创公司Matternet的创始人安德烈亚斯·拉斯托普洛斯

自20世纪90年代初以来,恐怖分子使用无人机的情况就有报道,无人机的安全威胁已经存在很长一段时间。表4.1总结了一些早期的恐怖袭击,在这些袭击中,肇事者使用了不同类型、复杂程度不等的无人机[1]。

表4.1 早期利用无人机的恐怖袭击

时间	组织/个人名称	威胁的性质	准备水平	支援基地	信息来源
1995	奥姆真理教,日本恐怖组织	袭击东京地铁	计划使用遥控直升机喷洒沙林毒气(空气中的危险化学品)	日本恐怖组织	文献[2]中有详述
2001	奥萨马·本·拉登	计划在白宫刺杀乔治·布什,在意大利热那亚8国峰会刺杀其他国家元首	研究使用装有炸药的遥控飞机	基地组织	情报输入[3]
2002	基地组织	计划攻击客机	研究使用模型飞机	基地组织	路透社[4]

续表

时间	组织/个人名称	威胁的性质	准备水平	支援基地	信息来源
2003	被关押在古巴关塔那摩湾三角洲营地的一名英国国民	攻击英国下院	获得一架携带炭疽病毒的无人机准备用来攻击	基地组织	伦敦独立报[5]

这些是非常危险但彼此孤立的事件,但其影响仍受限于恐怖分子可用的技术。然而现在的情况是,普通民众、企业和政府机构拥有的无人机数量正以惊人的速度增长,这些无人机的使用范围从娱乐活动到农业、邮递配送、搜索救援、防务和安全等等。如前所述,这些无人机包括大型的中空长航时型和高空长航时型无人机到战术无人机、迷你型无人机和微型无人机。因此,所有这些无人机中所体现的最新技术随时可供它们的玩家用于非法用途。

最常见的消费和商用无人机自重通常在10 kg以下,大多数的自重在2 kg以下。带有4个水平旋翼桨叶的四旋翼机是最常用的,但小型固定翼无人机正越来越受欢迎。这些消费型无人机一次最多可以在空中停留30分钟,电池可以快速更换,并且可以携带500 g的小型有效载荷,而商用无人机可携带超过6 kg的有效载荷。表4.2给出了某主流无人机生产公司制造的不同无人机的核心参数。很明显,即使这些商用型无人机也能飞入民用禁区或军事禁区,发生意外或造成故意损坏[6]①。

表4.2　某主流无人机厂商部分无人机的技术参数

产品型号	S型	M型	P型	I型	M 600型
图片					
尺寸	14 cm×14 cm×6 cm	31 cm×24 cm×9 cm	29 cm×29 cm×20 cm	48 cm×47 cm×32 cm	167 cm×152 cm×73 cm
质量	300 g	700 g	1.4 kg	3.4 kg	10 kg
最大飞行时间	16分钟	31分钟	30分钟	27分钟	18分钟
最大速度	50 km/h	72 km/h	72 km/h	94 km/h	65 km/h
最高升限	4 km	6 km	6 km	—	5 km
最大传输距离	2 km	8 km	7 km	7 km	5 km

① 感谢ROBIN雷达公司(www.robinradar.com)的Bill Haraka友情提供了这本白皮书。

续表

产品型号	S型	M型	P型	I型	M 600型
最大推荐载荷	N/A	N/A	N/A	810 g	6 kg
自主飞行能力	是	是	是	是	是

尽管政府正在引入对这些无人机的使用限制,供应商也在制定特殊对策,以消除在限制区域内的飞行行为(例如,该厂商所有最新款无人机中采用了地理围栏技术),但仍会定期推出性能更高、价格更低的新机型,而且一旦掌握在恐怖分子手中,可能会造成一些轰动事件,产生很大的政治影响,同时给商业带来损失。

在机场、监狱、白宫、政府大使馆、核电站和炼油厂等关键基础设施的安全范围内发生的商用无人机飞行事件现在都需要定期进行报告。随着无人机飞行特性的不断改善,它们现在可以轻松地与准备进行起降的客机在同一空域飞行。在英国和美国[7]进行的大量研究表明,无人机与飞机相撞比同等能量的鸟类撞击更具破坏性,无人机与飞机相撞会损坏飞机结构,导致飞机坠毁。

机场航站楼附近多架飞机有序停放,其中一架正在加油,这时无人机对飞机发动攻击,可能会产生一系列的连环爆炸——这场景对于所有机场安管人员来说,就是一个噩梦。随着新型无人机能够飞得更长、更快,携带的载荷更大,安全威胁领域呈指数级增长。

世界各地的政府机构、武装力量和主导产业正在寻找对策以应对非法无人机飞行产生的威胁。面对这项挑战的每一位参与者都承认,这是一个复杂的问题,无法通过一个解决方案来解决所有可能的安全威胁。此外,人们普遍认为,只有针对各种场景具有可塑性的综合解决方案才能产生所需级别的反无人机保护。尽管对于这个综合解决方案的细节以及如何解决这一问题有各种各样的看法,但人们普遍认为,解决方案应该是两种方法的结合:

✓ 监管层面:这些问题已在前面的章节中进行了讨论;

✓ 技术层面:这些将在本书的这一部分进行讨论。

为了不迷失于各种不同的反无人机系统的细枝末节之中,我们首先对这些系统进行分类。文献[8]介绍了反无人机系统的一般分类,并在表4.3中给出。

表4.3 反无人机系统的一般分类

反无人机系统的类型	描述
陆基:固定式	系统安装在固定或游动式应用
陆基:移动式	系统安装在车载平台,可在移动状态下操作
便携式	系统由单人手动操作,大多数看起来像步枪或其他轻武器
无人机机载式	系统安装在无人机平台上

无人机的监控(即探测、跟踪和分类)和压制都有不同的技术。探测、跟踪和分类是可行的,建议将其作为对抗无人机过程中的关键步骤;有关更多详细信息,请参阅第6.9节,因为即便是探测系统也存在一些限制。对无人机进行压制在法律上仍然(在大多数国家)是不允许的,目前相关话题深受管理层和法律界所关注。表4.4[8]总结了典型的监测技术。

表4.4 反无人机系统中使用的传感器类型

传感器类型	描 述
雷达	通过无人机的雷达信号特征探测和跟踪无人机
射频(RF)	通过监控无人机使用的无线电频率来探测、跟踪和识别无人机和操控人员
光电(EO)	利用光电摄像头对无人机进行探测、跟踪和分类
红外线(IR)	利用红外摄像头对无人机进行探测、跟踪和分类
声学	使用声学麦克风阵列探测无人机
人工目视监控	依靠安保人员用双筒望远镜目测天空
组合传感器	多个传感器融合在一起,为无人机提供更可靠的探测、跟踪和分类

每种技术都有各自的优势和局限性,业界人士一致认为,反无人机系统应集成各种传感器,以弥补各传感器的不足。表4.5[9]总结了各种传感器的优点和局限性。

表4.5 各种探测传感器的对比表

传感器类型	探测范围	定位精度	识别和分类	自动模式	操控人员检测	多目标	低能见度/夜间	无源系统	价格
雷达	++++	++++	+	—	—	++++	++++	—	—
射频	++++	++++	++	—	+++	++++	++++	++++	+
光电/红外	++	++++	++++	++++	—	++++	++	++++	++++
声学	—	—	+	—	+	++++	++++	—	++++
人工	—	—	+++	—	—	—	—	++++	+
热成像	—	+	++	++	—	+++	++++	++++	—

大多数无人机压制技术都是从其他军事应用中产生的。因此,可能的压制技术的数量甚至比探测技术的数量还要多,这就不足为奇了。并非所有这些技术对于非军事应用来说都是合法的和/或负担得起的,但我们认为提及这些技术仍然是有益的。表4.6[8]总结了典型的压制技术。

表4.6 反无人机系统中的对抗措施

对　　策	描　　述
射频干扰	——
对全球卫星导航系统干扰	干扰无人机的卫星导航链路、GPS或GLONASS;如果与卫星导航系统不同步,无人机将悬停、着陆或返回基地
欺骗	允许反无人机系统操作员通过创建带有错误导航信息的虚拟卫星导航信道来控制或误导目标无人机
黑客攻击	拦截无人机导航系统并读取其飞行计划和飞行数据
强光致盲	使用高功率激光束使无人机上的摄像头失明
激光	直接使用能量烧毁无人机框架和主要部件的关键部分(见第3章),导致无人机坠毁
高功率微波	发射高功率微波信号脉冲,摧毁无人机的电子部件
撒网	缠绕无人机和/或其螺旋桨
弹丸	使用常规或定制弹药摧毁来袭的无人机
水炮	将高压水流冲向来袭的无人机,导致飞机坠毁
拦截无人机	旨在拦截目标无人机并将其带回基地的无人机
碰撞无人机	设计用于与目标无人机碰撞的无人机
猎鹰	一种经过特殊训练的猎鹰,捕捉无人机作为猎物
导弹	用于摧毁大型无人机的常规导弹
枪	狙击手用来击落无人机的常规步枪
综合压制	在同一架反无人机系统中使用了多种不同且互补的压制技术,以提高压制的可靠性

然而,正如文献[10]中所指出的,摧毁无人机并不意味着问题已经得到解决。即使通过上述其中一种方法压制无人机,这也只是解决方案的一半。为全面解决问题,找出非法飞行无人机的操作者并制止后续的违法行为至关重要。如果没有这一点,意图坚定的操作员很可能会带着更新、更好的无人机返回,从而造成更大影响和破坏。因此,在开发反无人机系统时,需要定义一套全面的程序和要求,涵盖从探测到分类、压制直至起诉的整个过程。

在本章剩余部分和下一章中,我们将更详细地讨论各种传感器的优缺点。

4.2 反无人机系统和指控平台的综合实现方法

随着抵御无人机威胁的需求不断增长,来自世界各地的业内人士正在开发各种解决方案,以有效探测和压制进行敌对和非法飞行的无人机。通过在互联网上对全球范围内的200多家公司进行快速搜索[1],发现其中2家公司声称其拥有解决该问题的产品和解决方案;这些解决方案包括从噪音信号检测到射频信号探测器、雷达、光电/红外摄像机、激光器和干扰机,甚至还包括老鹰和配备有捕捉网的无人机,它们在周边飞行,试图捕捉其他无人机。然而,正如前面所强调的,没有一个简单万能的方案可以高效、经济地应对所有可能的威胁场景。例如,保护游艇上明星隐私的反无人机系统将不同于致力于尽可能减少向监狱运送违禁品或越境贩运违禁品的反无人机系统,也不同于安装在大型机场或炼油厂的反无人机系统。因此,需明确每种传感器的优点和缺点,并为传感器的集成开发最有效的方法,以确保整个系统的性能得到改善,这一点非常重要。接下来每个反无人机系统供应商的首要任务就是开发一个通用的反无人机系统架构,可用于应对不同安全威胁的各种应用之中。

在分析如何以最有效的方式解决这一挑战之前,我们需要解释反无人机系统开发人员和用户目前使用的几个定义:

✓ 探测:反无人机系统能够可靠地发现无人机。然而,单个探测传感器通常是不够的,因为没有任何传感器可以提供100%的准确性。例如,探测无人机的雷达也可以探测鸟类或周围基础设施的反射信号,从而导致较高的虚警,同时射频检测传感器在城市环境中工作或在探测自动模式下飞行的无人机时工作效率较低。

✓ 分类:能够将无人机与其他类型的物体区分开来,例如鸟类、飞机和所有其他运动物体(火车、汽车、人、云等)。

✓ 识别确认:能够确定出无人机的特定型号(包括有效载荷的类型),并确定出无人机或控制器的数字指纹,例如MAC地址和操控人员的位置。这一级别的识别确认对于司法鉴定和诉讼至关重要。

✓ 跟踪:一旦无人机被探测、分类和识别后,其行为将受到持续监控。这对于实时态势感知以及在最适当的时间采取适当对策的能力特别重要。这些信息需要一直记录下来,以备将来进行司法取证和培训之用。

✓ 压制:这意味着,根据态势感知场景,应该采用最合适的对抗措施(如干扰、

① 参考文献[8]中提及的确切数据为,38个国家的277家公司提供了537种产品。

动能、狙击手、拦截者无人机、猎鹰捕手等)。在某些情况下,不采取积极的应对措施,但保留好司法鉴定数据可能是更合适的应对措施(例如,在大规模公共活动期间,通过电磁压制使播放广告或电视转播的无人机失效)。

理想情况下,民用、安保部门和军事部门都将需要一个反无人机系统来探测、识别、区分、跟踪和压制各种环境中任意类型的敌对无人机。民用和军用反无人机解决方案的区别主要在于探测范围的大小、指控的实现方式和压制工具的选择。在大多数民用应用中,没有压制措施,当探测到无人机时,这些系统主要充当警报系统使用(其主要原因是复杂的监管情况以及最大限度减少附带损害的考虑)。

在文献[11]中,提出了反无人机行动的综合分析方法。更具体地说,作者引入了SWOT(优势、劣势、机会、威胁)分析,并采用树分析(SWOT+树)对原方法进行了提高,为调查反无人机行动和分析相关的因素提供了更广泛的视角。

法国著名军工集团泰雷兹公司采用了类似于综合方法的概念开发了一个反无人机系统[12]。该公司在无人机及其任务系统方面见解深刻、经验丰富,这些知识被用来开发反无人机系统,对抗措施针对性强,行之有效[13]。该系统提供了从探测到压制的完整解决方案,包括用于反无人机的最先进技术:各种探测传感器(包括有源和无源)、指挥控制平台和效应器(包括软杀伤和硬杀伤系统,如激光、干扰机和其他武器系统等)。泰雷兹公司认识到安保应用和军事应用的不同需求,因此基于不同用例区别设计其系统架构。对于涉及保护关键基础设施或重大事件不受低空小型无人机影响的安保和民用应用,泰雷兹的系统与现有的监控和数据采集系统(SCADA)无缝集成,相较于SCADA来说,还具有针对这些安全威胁提供额外操作能力的优势。这一版本的反无人机系统集成了各种传感器、非致命性的压制手段以及一套实现数据关联和数据记录的中央指挥控制软件。技术解决方案与价值分析相辅相成,以确保所提出的解决方案满足成本约束,根据需要系统安装尽可能简单,运行成本经济实惠。根据已识别的安全威胁,运用行动概念分析,根据特定的威胁场景、法律背景以及针对辐射传感器和效应器的管理规定,选择最合适的传感器套件。

泰雷兹公司与法国民航空管研究所和ADP集团合作开发的HOLOGARDE解决方案就是这种定制应用的一个例子,它安装在巴黎戴高乐机场。根据参考文献[14]的介绍,该系统能够探测5 km远的无人机,但无人机的大小和探测条件没有明确给出。

总的来说,HOLOGARDE提供了两种解决方案:

✓ HOLOGARDE方案:实现无人机系统探测,根据定制的需要提供压制响应功能;

✓ HOLOGUIDE方案:协同无人机管理解决方案,用于管理飞行计划和飞行授权,命名为S型。

HOLOGARDE反无人机系统还提供了3种型号,分别命名为A、B和C型[15]:

✓ A型:这是一个游动式的版本,专为保护独立目标而设计,可以快速安装在所需的站点上。它是一个全面的无人机探测系统,可能包括指控软件、雷达、射频探测和光电/红外传感器。A型系统还提供了与无人机交通管理系统进行数据集成的选项。

✓ B型:这是为保护关键基础设施而开发的,需要在安装前进行综合设计施工(包括网络和塔楼)。它是一个全面的反无人机探测系统,包括HOLOGARDE指挥控制平台、雷达、射频探测传感器、光电/红外传感器和压制系统。B型系统还提供了与无人机交通管理系统集成的接口。系统的复杂性如图4.1所示[16]。

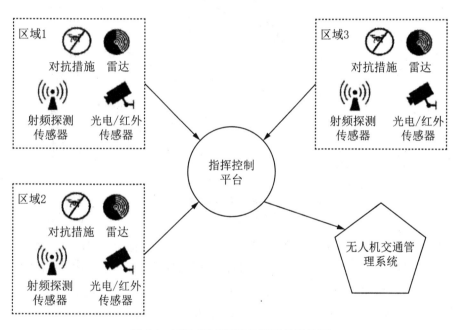

图4.1　HOLOGARDE B型系统结构图

✓ C型:这是一个主要针对大型机场设施而设计的态势感知解决方案,可提供适当的无人机威胁检测,这也是对HOLOGARDE A/B型的补充。收到HOLOGARDE指控平台发出的无人机探测警报后,C型系统将为所有协作无人机生成新的飞行计划,并授权对探测到的无人机进行压制。

✓ S型:这是无人机交通管理系统不可分割的一部分,对协作无人机的飞行计划和飞行授权进行管理。

上述综合方法现已经成为业界的事实标准,几乎世界各地所有的系统集成商都采用了它。例如,新加坡科技工程公司是第一个开发和部署针对非军事应用的商用反无人机系统的公司之一。该系统被称为"天空射手"[21],提供了一种协同解决方案,用于探测和破坏商用无人机构成的新威胁。

该系统使用"3D"方法(即探测 detect、判定 decide 和干扰 disrupt),在城市和复杂射频信号环境中对抗入侵无人机。图4.2解释了"天空射手"系统的工作原理。

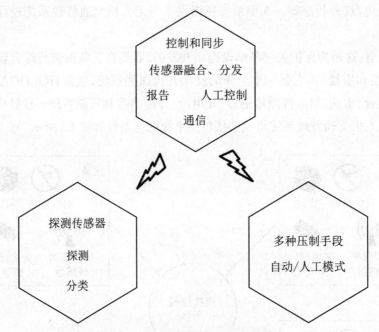

图4.2 "天空射手"系统的工作原理
(感谢新加坡科技工程公司分享了包括这张图表在内的有关"天空射手"系统的信息)

"天空射手"系统的众多探测传感器构成了一个多传感器集成系统,该系统使用射频信号检测、测向以及使用视觉分析的光学检测来自动探测、分类和跟踪商用无人机。射频信号检测提供关于无人机操控人员和目标无人机的方向指示,结合视觉分析,实现对目标无人机的识别、分类和跟踪。

"天空射手"系统的控制和同步模块允许多传感器之间的无缝操作和融合,以最佳方式实时探测无人机目标。通过这种能力,模块智能地核对整理探测传感器的数据,将结果用于对目标无人机进行分类、识别和跟踪。它还可以根据无人机遥控库识别无人机的型号。

"天空射手"系统效应器提供多种效应器选项,以满足任何环境的不同要求。它适用于单效应器部署或多效应器组合部署,有效破坏无人机目标的达成。

"天空射手"系统的主要功能包括:

✓ 开放式体系结构,允许传感器融合和集成,能够实时对无人机目标进行最佳探测和破坏;

✓ 实时跟踪未经授权的无人机入侵,自动破坏无人机目标的达成或触发远程警报,并通过移动设备通知相关安保人员;

✓ 整理并显示射频、测向和视觉传感器的结果,轻松实现目标的可视化;

✓ 实时提供360°全景视图和目标可视化,增强决策和事件管理;

✓ 易于与其他自主系统和机器人进行集成,例如友方的无人机和用于拦截的无人机。

另一个采用综合方法开发的反无人机系统是由英国L3/HARRIS公司开发的"无人机守护者"反无人机系统[17]。L3/HARRIS在探测和打击空中威胁领域积累了丰富经验,在该系统中还使用了面向目标的跟踪系统(TOTS)软件。该软件采集原始收集的数据,将其编译成实时图片,通过映射、可视化,数据以解析的形式进行分发,创建有效的工作流管理。与TOTS一样,"无人机守护者"系统建立在一个开放的体系结构上,可以整合来自多个集成组件和外部源的信息,如图4.3所示。

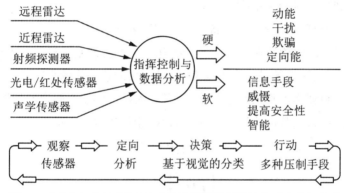

图4.3 "无人机守护者"系统采用的基于效果的综合反无人机方法
(感谢L3-ASA公司分享此图)

"无人机守护者"系统允许同时对多个目标进行探测、识别和跟踪,这样可以减少无人机的威胁。与新加坡科技工程公司的"天空射手"反无人机系统不同,它不仅适于商业应用,还可用于军事应用。该系统可以固定点部署,也可以分散部署,通过集成的安全工作流的管理,缩短系统安全响应时间。系统的硬件可以进行扩展而不是唯一指定的,系统的基础传感器可以选择更合适的替代方案,轻松地通过集成实现最佳组合,适应各种操作场景。系统中应用的传感器子系统套件包括雷达、射频探测传感器、光学传感器和声学传感器,将这些子系统集成到分层指控平台中将提供很多好处。如图4.3所示,系统按照观察—定向—决策—行动的模式连续运转,在减少误警的前提下对多无人机目标提供不间断地早期探测,响应速度更快,不仅减少了操作系统所需的人力,还降低了安全风险。在多个设施中的成功应用证明,该系统可以与友方的无人机并肩作战,通过对敌方无人机的早期探测,提供了额外的宝贵时间来选取恰当的行动方案,以彻底消灭威胁或将威胁程度降到最低。

上述反无人机系统具有多传感器集成方法所固有的优点和缺点,即需要专业人士进行全天24小时的持续保障,以减少误警率,同时保证有人可以在回路中作出关键决策(包括选择压制方法)。这样就导致了一个非常严重的缺点,尤其是在反无人机系统安装投入使用后变得更明显:系统运行成本高昂。

英国的行动解决方案公司(Operational Solutions Ltd.)开发并实施了一种集成智能反无人机系统的新方法。该系统名为FACE[18],这是业界领先的商业智能系统,它让用户相信,如果无人机误用攻击,他们将得到充分保护。该系统允许操作员清楚地识别无人机,并在适当的情况下控制无人机效应器,如干扰机和物理拦截系统。该系统包括:

✓ 一个确保输入数据正确和数据一致性的引擎;

✓ 一个进行处理分析的数据库;

✓ 一个可从任何用户友好设备访问的用户界面。

FACE系统已成功地在英国和海外的几个大型关键基础设施站点得到安装应用。更重要的是,该系统是一个不断发展的概念,最新一代的FACE系统将多传感器集成方法和机器学习算法结合起来,前者嵌入在传感器不确定的指控平台中,后者采用了先进的人工智能算法。该系统的示意图如图4.4所示。

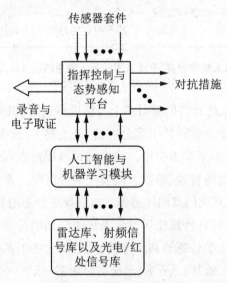

图4.4 采用人工智能与机器学习的综合反无人机系统示意图

该解决方案仅在人工智能/机器学习模块将探测到的物体归类为无人机时,才需要引入人工操作,不再需要进行全天24 h的监控。在操作上,这允许将反无人机系统监控集成到现有的监控流程中,而无需额外的操作费用支出。该解决方案已被英国和海外众多知名关键基础设施站点接受,并正在成为未来反无人机系统的事实标准。

参 考 文 献

[1] LELE A, MISHRA A. Aerial terrorism and the threat from unmanned aerial vehicles[J]. Journal of Defence Studies, 2009, 3(3): 54-65.

[2] MAHAN S, GRISET P G. Terrorism in Perspective[M]. 2nd ed. Los Angeles: Sage Publications, 2008.

[3] GIPS M. A remote threat, security management online[EB].(2002-10).

[4] MASON J. Obama says U.S. will pursue plane attackers, reuters. World News[EB/OL]. (2009-12-29)[2020-01-01]. https://uk.reuters.com/article/uk-security-airline/u-s-boosts-airline-precautions-amid-recriminations-idUKTRE5BQ0ZR20091228.

[5] Testimony, independent. Gormley[EB/OL]. (2004) [2020-01-01]. https://www. theguardian. com/uk/2003/aug/01/ politics.alqaida.

[6] ROBIN radar systems[R]. White Paper on Countering Drones. 2018.

[7] FAA research finds drone collisions more damaging than bird strikes to airplanes. CBS News[EB/OL].(2017-11-29)[2020-01-01]. https://www.cbsnews.com/news/faa-research-finds-drones-more-damaging-than-birds/.

[8] MICHEL A H. Counter-drones systems[EB/OL].(2019-12)[2020-01-01]. https://dronecenter. bard.edu/files/2019/ 12/CSD-CUAS-2nd-Edition-Web.pdf.

[9] WELLIG P, SPEIRS P, SCHUEPBACH C, et al. Radar systems and challenges for C-UAV [C]//19th International Radar Symposium IRS 2018. Bonn, Germany:IEEE. DOI: 10.23919/ IRS.2018.8448071.

[10] Drone detection: Myths and reality. CRFS[EB/OL]. (2018)[2020-01-01]. https://www.crfs. com/blog/drone-detection-myths-and-reality/.

[11] TURAN M, GUNAY F, ASLAN A. An analytical approach to the concept of counter-UA operations (CUAOPS)[J]. Journal of Intelligent and Robotic Systems, 2011, 65:73-91.

[12] STEVENSON B. Thales developing counter-UAV technology, flight global[EB/OL].(2015-06-08)[2020-01-01]. https://www.flightglobal.com.

[13] BASTIAANS P. Paris air show 2015: Thales C-UAV solutions, military technology[EB/ OL]. (2015-06-16) [2020-01-01]. http://www. miltechmag. com/2015/06/paris-air-show-2015-thales-c-uav.html.

[14] Forecast international, thales, DSNA, groupe ADP unveil the hologarde CUAV airport protection system[EB/OL]. (2018-03-07) [2020-01-01]. http://www. defense-aerospace. com/ articles-view/release/3/191372/hologarde-counter_uav-airport-protection-system-unveiled. html.

[15] Website. Hologarde[EB/OL].(2018)[2020-01-01]. https://hologarde.com/solutions/#models.

[16] Skyarcher - counter drone system. SkyArcher[Z].(2014). ST Engineering, Singapore.

[17] Drone guardian. L3 Harris[EB/OL].(2019)[2020-01-01]. https://www.l3-droneguardian.com.

[18] Introducing FACE. FACE[EB/OL].(2018)[2020-01-01]. https://osldronedetect.co.uk/osl-face.

第5章　反无人机传感器和态势感知

5.1　态势感知[①]

如果我们所做的只是打开雷达,获取原始数据并提交给空中交通管制员,那么就会出现混乱。只有当你能将其与这些航班的身份和他们的预定飞行计划相关联时,你才能发现异常点以及那些不应该出现在那里的异常目标。

——英国国家航空交通局代表安迪·塞奇(1)

当今世界交通密度增加,出现了无人驾驶空中交通这个新生事物,此时这种从混乱到有序的转变显得更加重要。因为在工作过程中需要呈现的信息量太大,空中交通管制人员难以使用安全的方式将其充分消化。而当一架友善的或恶意的无人机进入民用或军用空域时,空中交通管制人员对此应如何应对,成为整顿混乱局面新的挑战。

随着无人驾驶空中交通的发展,将诞生新的技术和一系列规章制度,能够对无人机进行授权识别。然而,即使所有商用无人机都具备该特性,反无人机系统的操作人员仍要做好准备,因为有的无人机可能不会完全遵守法律法规(例如,我们使用一个著名的搜索引擎,只花了不到20分钟就在互联网上找到修改破解无人机地理围栏限制的方法介绍)。

如前所述,用于探测非法飞行无人机的各种传感器可集成到一个指控平台中,提供集成式解决方案,将传感器数据有效融合。然而,没有一个反无人机系统是100%完美的,都存在一定程度的误报情况;更糟的是,还会存在漏报的情况。针对漏报的探测应纳入特情响应预案之中。与大多数关键基础设施站点不同,机场的应急响应主要集中在对无人机进行压制和抓获无人机操控人员上,机场的特情响应预案必须包括与空中交通管理部门在额外的层面进行协调,确保飞机安全转向,避免与无人机发生可能的碰撞。

[①] 感谢荷兰的42 Solutions公司提供的相关材料及插图。

即使在指控平台提供单一数据源的情况下,空中交通管理部门的操作人员也可能会发现一些信息是难以理解或评估的。这些信息必须以全面、用户友好的方式呈现,才能帮助他们在更改航班飞行计划时作出正确的决定。实现这一目标的最有效方法就是在指控制平台上增加态势感知的功能。这种态势感知平台的一个典型例子就是 42 Solutions 公司开发的 Merlin IUTM 系统[2]。如图 5.1 所示,当与反无人机系统平台集成时,系统会显示地图界面,并且根据使用的传感器套件,系统可能会显示:

➢ 无人机位置、速度和航向;

➢ 无人机身份识别码;

➢ 无人机操控人员位置;

➢ 团队成员的位置。

地图可以是卫星图像或各种地理地图。

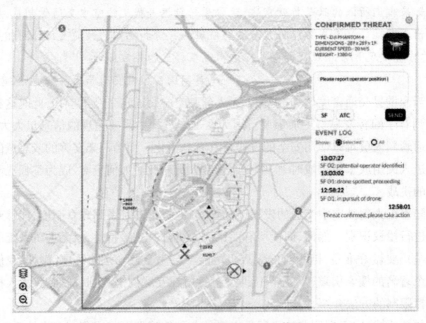

图 5.1　Merlin IUTM 系统平台截图

Merlin IUTM 系统设计支持各种资料来源:

➢ 飞机交通管理系统:航迹数据将提供附近飞机的实时位置。

➢ 无人机交通管理系统:通过这些系统的授权将特定区域的无人机标记为安全,尽管这些无人机在与进场交通发生冲突时仍将被视为威胁。

➢ 其他交通报告/信息系统:包括广播式自动监视提供飞机或其他车辆信息。

➢ 本地数据:诸如关键基础设施或高级别安全区等敏感区域的信息,可在指控制系统中进行配置。

结合所有可用信息,该系统对报告的每架无人机进行威胁评估。如图 5.2 所示,评估使用几种算法来确定无人机是否对特定区域或其他交通构成威胁。

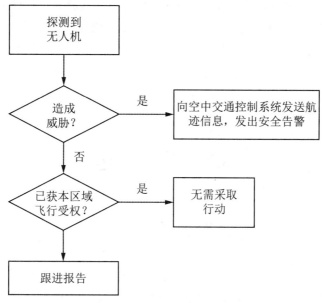

图 5.2　Merlin IUTM 系统工作流程

威胁评估的结果将触发反无人机操作员检查情况,出于谨慎的考虑,或者与空中交通管理部门合作启动威胁缓解进程,或者自动启动威胁缓解进程,这取决于用户作出的安全选择。自动威胁缓解进程响应更快,但误报风险更高。如果无人机不构成威胁,但仍违反了相关规定,系统将记录相关信息以供后续行动和司法调查之用。

威胁缓解过程将涉及多方。无人机事件的利益相关方(当事方)包括执法部门、机场和空中交通管制部门。然而,随着事件逐渐明朗,其他响应者可能会发挥作用(例如,军警或机场安保部门可能必须作出响应,才能找到并逮捕肇事无人机操控人员)。

因此,Merlin IUTM 系统提供了一个通用的操作画面,以便在所有参与者之间共享态势感知信息。这降低了互相沟通时发生误解的风险。

威胁缓解进程从向相关方发送威胁信息开始。这样做使得信息可以最大程度地推动相关方的正常流程运转。

向空中交通控制系统发送信息时采用自定义的消息格式,内容为一条明确标记为威胁的航迹。根据这些信息,空管人员将能够判断对该威胁采取何种必要反应,并实时跟踪该威胁。安保力量需要更多信息才能够消除威胁。他们通过专用智能手机的应用程序接收信息,获取无人机的位置、详细信息以及团队成员的位置等。该应用程序还为他们提供了消息交换(短代码)的方式。

正如《9·11委员会报告:美国恐怖主义袭击调查委员会最终报告》所述[3],沟通是关键,但信息的及时性是沟通过程的一个要件[4]。这就是Merlin IUTM系统提供事件报告和消息传递的原因,这样可以方便团队成员和指控系统操作员以灵活的方式组建应急分队。这样团队成员可以了解整个事件的进展并报告他们的发现,通过协作的方式来决定他们的行动。该系统还为他们提供了宣布事件平息的手段。

5.2 雷　　达

5.2.1　雷达和雷达系统简介

雷达的本义是无线电探测和测距,它是一种有源射频系统,可以探测各种物体,提供关于目标距离、速度和大小的测量信息。雷达的概念最初是由赫兹在19世纪80年代提出的,他通过实验证明了频率为455 MHz的电磁波具有探测能力[5]。1904年,德国工程师克里斯蒂安·赫尔斯迈耶(Christian Hülsmeyer)[6]获得了电动镜(利用无线电波回声探测的装置,可防止海上船舶相撞)的专利。然而,直到20世纪30年代,随着第二次世界大战的临近,各国才开始重视这一领域并进行了广泛的研究。1938年9月,英国第一个雷达系统——"链家"部署在英国东海岸,开始全天24小时值班,对来自德国的空袭进行早期探测。"链家"的发明者罗伯特·沃森瓦特爵士(Sir Robert Watson-Watt)必须解决一个常见的工程难题:后续开发一个最优系统,或者快速提交出一个次优解决方案。最终,他选择了一个在30 MHz频段运行的次优系统,该系统工作正常,在当时,这个系统比几年后交付的理想解决方案还要好。

雷达系统的组成包括在特定频段产生电磁波的发射机、相应的一对收发天线(通常集成在单个天线系统中)、接收机和用于估计对象各种属性的处理机。工作频段的选择取决于应用和工作要求,并严重影响着雷达的性能。

雷达自100多年前诞生以来,其基本原理并没有发生显著变化:发射的无线电波从目标上反射,接收机接收回波,伴随着一定的延迟和信息失真,提供包含有关目标位置、大小和速度的信息。目前在这一领域已取得了巨大进展,各种雷达系统正服务于不同的目的。

雷达可以按应用和技术进行分类。表5.1仅列出了在不同应用中使用的几种类型的雷达,它们可能适合在反无人机系统中使用。

表5.1 雷达类型

雷达类型	应用
防空雷达	确定目标位置并引导武器摧毁目标
机载雷达	用于飞机导航,在各种天气条件下引导飞机
空中交通雷达	确定着陆飞机的位置,帮助飞机在恶劣天气和能见度差的条件下着陆
防鸟雷达	探测机场及其周围的鸟类
防撞雷达	有助于防止车辆之间或飞机之间发生碰撞
泊位雷达	引导行驶装置正确停靠在泊位(例如地球轨道上的卫星或自动吸尘器)
对地成像雷达	机载或星载,用于生成探测区域的地图
探地雷达	用于探测地表下隐藏的物体
船用雷达	确定船和岸的位置
导弹制导雷达	对陆基导弹的路径进行监视和控制
警用雷达	定位并确定快速移动的车辆
透视雷达	用于透过墙壁"看"后面的物体
地形制导雷达	在山区等地形中时帮助飞机和导弹引导飞行
气象雷达	预测天气状况并探测雷雨云

雷达还可以根据发射机、接收机、天线、频段、波长和扫描方式等的配置进行分类。对这些雷达的详细描述超出了本书的范围,建议感兴趣的读者阅读专门针对雷达的文献。本章将对上述类型的雷达进行简要综述,这将有助于读者确定适于反无人机应用的最佳候选雷达。

5.2.2 雷达系统

5.2.2.1 单基地雷达

单基地雷达是雷达系统的常规配置,发射机和接收机并置在一起。单基地雷达的典型示意图如图5.3所示。

单站配置形式已在各种应用中得到验证。当发射的主瓣信号从物体反射回接收机时,它工作可靠。然而,随着新技术(如隐身技术)的出现,在单基地雷达方向上能量反射很少或没有,单站配置的效率降低。为了减轻这种影响,开发了新的雷达配置方式。

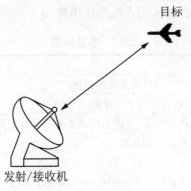

图5.3　单基地雷达

5.2.2.2　双基地雷达

如图5.4所示,这种雷达系统的发射机和接收机分置在不同地点,它们之间的距离与目标距离相当。

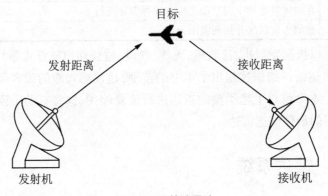

图5.4　双基地雷达

大多数远程地对空和空对空导弹系统使用双基地雷达。因为它利用了发射能量的前向散射特性,所以起初被用作气探雷达。双基地雷达在探测隐身飞机方面表现出了良好的性能,因为隐身飞机的外形设计决定了机身侧面方向反射更多,而正面直接反射回发射机的能量很少。

5.2.2.3　多基地雷达

这是一个复杂的雷达系统,包含多个空间分布的单基地和/或双基地雷达组件,探测范围部分重叠[7]。这种系统可以提高探测范围和精度,图5.5解释了多基地雷达的基本概念。

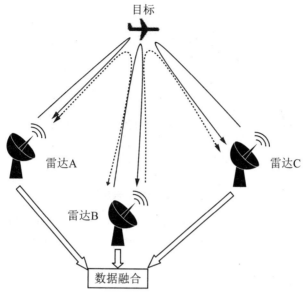

图5.5　多基地雷达系统概念图

在图5.5中,多基地雷达系统由3个单基地雷达(A、B和C)组成,它们探测区域部分重叠。此外,雷达A、B以及雷达B、C还构成了两个双基地雷达系统。为了从这种配置中受益,多基地雷达系统通常需要将所有雷达获得的数据进行融合。

5.2.2.4　多普勒雷达

顾名思义,这种雷达利用多普勒效应来估计目标的速度。它通过分析物体的运动学如何改变返回信号的频率来实现这一点。设 c 为光速,f_t 为发射信号的频率,f_r 为接收信号的频率。根据著名的多普勒方程,我们得到

$$f_r = f_t \frac{c+v}{c-v}$$

式中,v 是物体的速度。假定 $v \ll c$(到目前为止,所有人造飞行物体都是如此),我们可以得到被探测物体的速度:

$$v = \frac{c \times \Delta f}{2f_t}$$

式中,$\Delta f = f_t - f_r$,称为多普勒频移。

从上面这个简单方程可以看出,如果检测到发射和接收信号之间没有频率变化,则目标是静止的。然而,当物体朝向接收机移动时,接收频率会增加,反之则减少。图5.6也说明了这种情况,解释了经典的多普勒效应。

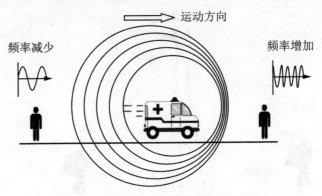

图5.6　多普勒效应示意图

根据发射和接收频率之间的变化可以直接、高精度地测量出目标速度相对于雷达的径向分量。多普勒雷达在航空、气象、医疗等不同行业都有应用。

5.2.2.5　连续波雷达

在连续波雷达中,预定义的连续无线电波信号在稳定的载频上传输,接收机接收目标反射的信号。通常,连续波雷达利用多普勒技术来检测运动物体,并最大限度地减少来自大型静止物体(如建筑物)或慢速运动物体的干扰。连续波雷达的优点是能够在不需要高拾取功率的情况下,在相当远的距离范围内确定目标速度,降低了系统的实现成本和运行费用。

5.2.2.6　调频连续波雷达

该雷达发射类似连续波雷达的连续波信号。然而,与连续波雷达不同的是,调频连续波雷达中的传输频率是按频率调制的(顾名思义),类似于多普勒雷达,接收到反射信号的频率改变了 Δf,时间延迟了 Δt,如图5.7所示。

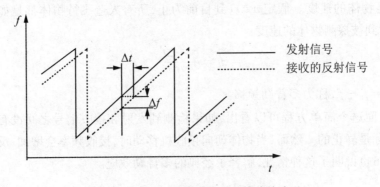

图5.7　调频连续波雷达发送和接收的波形

调频连续波雷达将测量收、发信号之间的频率差。这些变化由多普勒效应产生,根据频差可以确定目标的距离和大小。调频连续波雷达的频率带宽可能在1 MHz到数千MHz之间变化,确定了可探测的目标距离和可分辨的目标大小。

带宽、发射功率和调频连续波雷达性能之间的关系如表5.2所示[8]。

表5.2 调频连续波雷达的带宽与距离分辨率关系

带宽(MHz)	距离分辨率(m)	最大探测距离(km)
1	150	75
2	75	37.5
10	5	7.5
50	3	0.5
65	2.5	1.2(注:发射功率更高)
250	0.6	0.5
8000	0.035	0.009

从反无人机的角度来看,调频连续波雷达最远可以探测到500 m处的商用无人机(例如30 cm×30 cm或60 cm的距离分辨率),这并不是什么了不起的事情,因为其他类型的雷达可以在超过几千米的距离上探测到类似大小的无人机。尽管如此,调频连续波雷达仍具有以下优点[8]:

➤ 能够在距离目标很近的位置测量;
➤ 能够同时测量目标距离及其相对速度;
➤ 具有非常高的测距精度;
➤ 峰值发射功率显著降低,有害辐射风险降低。

5.2.2.7 无源雷达

无源雷达代表一类特殊的隐蔽型雷达系统,通过利用非合作辐射源发射的信号进行目标探测和跟踪,这些辐射源包括蜂窝网络的基站和商业广播发射机(如调频电台、数字音频广播以及地面数字视频电视台)。无源雷达也可以视为双基地雷达的特例,其中辐射源是非合作的第三方辐射源。图5.8所示为无源雷达系统,其中来自蜂窝基站的非合作辐射源的信号经目标反射后由两个雷达接收机(A和B)处理。应该注意的是,为了准确处理经目标反射后的信息,每个雷达接收机必须使用参考信号,该信号通常通过非合作辐射源和接收机之间独立的通视链路获得。无源雷达的精度随着系统中接收机的数量而增加,并与部署位置点的几何关系密切相关,因为接收机与辐射源间的距离决定了检测目标须克服的外部噪声水平。

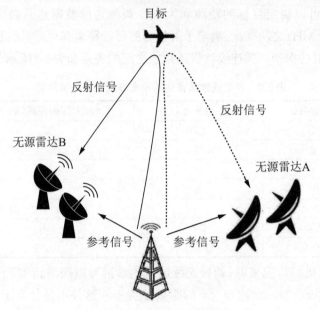

图5.8　无源雷达系统示意图

　　与其他类型的雷达相比,仅使用一个辐射源和一个接收机的无源雷达系统的精度要低得多。然而,这些雷达的探测距离则显得意义重大,因为使用来自大功率调频电台信号的无源雷达可以达到150 km的探测距离,而使用来自蜂窝基站的低能量信号可以提供几十千米的探测距离。

5.2.2.8　单脉冲雷达

　　单脉冲雷达使用相控阵天线将传输波束分割为两个角度略有不同但部分重叠的波瓣,如图5.9所示。这些波瓣被分别极化,然后像传统的圆锥扫描那样旋转。因此,分别接收到两个不同的反射信号。通过比较两者的振幅和相位,计算它们的单脉冲比[9],就可以确定目标的大致方向。如果波瓣间隔很近,该信号可以产生较高的指向精度,单脉冲雷达的方向精度高达0.006°,相当于距离100 km时有约10 m的精度误差[10]。单脉冲雷达具有很强的抗干扰能力,因为要干扰单脉冲系统,干扰信号需要能同时复制两个波瓣的极化和定时特征。而目标只接收一个波瓣,永远无法精确复制极化特征。

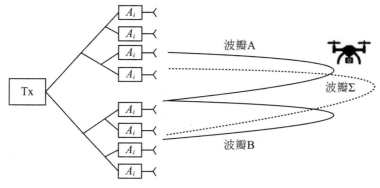

图5.9 单脉冲雷达的概念示意图

单脉冲雷达的性能非常适用于反无人机系统;但是对于大多数反无人机解决方案来说,它们的成本往往高得令人望而却步。

5.2.2.9 脉冲多普勒雷达

顾名思义,脉冲多普勒雷达是一种雷达系统,它综合了脉冲雷达、连续波雷达和多普勒雷达的技术来计算目标的速度。脉冲多普勒雷达最初是为战斗机开发的,用于减轻地面反射信号的影响。通过考虑地球的运动并过滤掉这些反射,脉冲多普勒雷达有选择地排除来自于地形的低速目标反射信号,并具有下视/下射能力。

除了航空和医学应用之外,脉冲多普勒雷达还被广泛用作气象雷达,主要通过探测大气中降水粒子的移动来确定风速。

在反无人机应用中,脉冲多普勒雷达可用作机载雷达探测指定空域内的无人机,也可用作地面雷达探测低空长航时型、中空长航时型和高空长航时型无人机。

在这些应用中,脉冲多普勒雷达具备两种工作模式:

➤ 扫描模式(或探测模式):在这种模式下,脉冲多普勒接收机扫描空域,并对所有接收信号应用接收机频率滤波、幅度阈值和模糊度分辨率。一旦探测到反射信号并识别出潜在目标,脉冲多普勒雷达就会自动切换到跟踪模式。

➤ 跟踪模式:在此模式下,雷达会比较多普勒速度测量值与预定义阈值之间的差异。如果差值小于阈值,目标将被锁定,因此无需进行人工干预,显著降低了运营成本。

脉冲多普勒雷达的性能在很大程度上取决于脉冲重复频率(简称为重频),因此这些雷达根据其重频进行分类,如表5.3所示[11]。

表5.3　脉冲多普勒雷达的分类

类型或特征	距离测量	多普勒测量
低重频	精确	高度模糊
中重频	模糊	模糊
高重频	高度模糊	精确

如表5.3所示,雷达重频的选择取决于应用情况。例如,如果反无人机系统的首要任务是尽早发现滋事无人机,则应选择低重频。然而,如果重点是准确测量目标无人机的速度,则应选择高重频。

5.2.2.10　合成孔径雷达

合成孔径雷达(SAR)是一种微波成像雷达,它可以生成目标物体的二维或三维图像[12]。合成孔径雷达通常是机载/星载雷达,利用飞机或卫星在目标区域上方的运动来提供高分辨率的重建图像。合成孔径雷达可以被认为是一种大口径雷达,它由一个可以长距离移动的小尺寸天线组成,在不同的位置收集反射信号。当目标区域在合成孔径雷达视野内时,合成孔径雷达载体(飞机或卫星)移动的距离相当于天线的大小,称之为合成孔径。图5.10说明了合成孔径雷达的工作原理[13]。

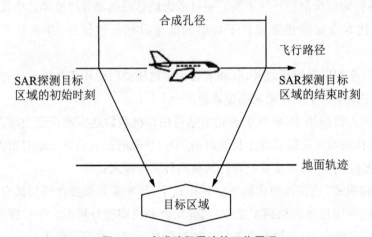

图5.10　合成孔径雷达的工作原理

图像分辨率随着合成孔径的增大而增加,对远方的物体进行探测时,合成孔径通常更大。因此,SAR主要用于军事侦察、地球遥感、洋流监测和行星观测等。

理论上,可以使用SAR保护大型关键基础设施免受滋事无人机的攻击。所需要的只是一个小型天线,令其在保护目标的上方和周边快速飞行,并对发射的相干信号所产生的反射信号进行分析处理。

探测过程包括两个步骤:

➢ 校准目标区域:在此阶段,将生成目标区域的SAR图像。

➤ 监测与探测:任何未包含在校准图像中的新物体(包括无人机)都将被探测并进行分类。

这样的解决方案可能会造就最好的反无人机系统。但现实情况是,这种反无人机应用的基本建设费用和运营支出都高得令人望而却步。

5.2.3　反无人机系统中的雷达

考虑到雷达在航空业的广泛使用,雷达成为探测滋事无人机的首选传感器并不令人惊讶。雷达制造商很快发现了一个机会,并将现有雷达应用于无人机的探测。几乎每个雷达制造商都宣布具有有效检测无人机的能力,尽管结果并不总是市场所需要的,因为制造商通常面临以下两个问题之一:

➤ 该雷达能很好地探测各种无人机;但对于大多数民用应用来说,它太贵了。

➤ 该雷达价格合理;但其探测距离和探测能力不满足非民用应用。

这导致了针对不同细分市场的两类产品的诞生:

(1) 军用级三坐标雷达,远程探测距离,最低成本超过100万英镑;

(2) 民用雷达,中近程探测距离,最低成本约为15万英镑。

第一类雷达是在军事背景下诞生的,以色列RADA电子工业公司生产的反无人机雷达就是一个很好的例子[14]。他们的"战术多任务半球"(MMH)雷达是一个通过软件定义的、可配置的雷达平台,可提供良好的反无人机性能。该雷达主要技术特点包括:

➤ 软件定义的脉冲多普勒雷达;

➤ 采用氮化镓技术;

➤ 有源电子扫描阵列装甲天线;

➤ 低空、中空、高空目标全覆盖;

➤ 非旋转固态雷达;

➤ 采用数字技术进行波束形成、信号接收以及脉冲压缩;

➤ 紧凑、可移动,用于战术应用;

➤ 高可靠性。

RADA公司的MMH雷达被世界各地的各种防务机构选中,这并不奇怪。

第一类雷达中的另一种反无人机雷达是GAMEKEEPER-16U全息雷达,它由总部位于英国剑桥的初创公司Aveillant[15]开发,公司2017年被法国泰雷兹集团[16]收购。全息雷达系统从根本上不同于机械扫描雷达和电子扫描系统。全息雷达是用泛光灯照亮一块感兴趣的目标,并形成了多个同时接收的光束,填满了被照亮的物体[15]。通过连续长时间聚焦于被探测目标,该雷达具备较好的多目标探测性能。

此外,它产生了与单个目标相关的丰富数据集,经过高级信号处理后,其目标识别率非常高,误警率较低。该雷达具有极高的多普勒分辨率,它除了可以测量目标的运动信息以外,它还可以像其他雷达一样对目标进行定位和跟踪。

与传统雷达相比,GAMEKEEPER-16U雷达只需要非常窄的带宽,就能够在探测距离达5 km的三维空间中探测、跟踪和分类小型无人机,并提供相应每个物体的位置和速度信息。

由于这一类别的大多数雷达都是从防务环境演变而来的,因此它们的技术细节受到限制也就不足为奇了,建议有兴趣的读者直接联系制造商以获取更详细的信息。

第二类雷达的一个很好的例子就是荷兰Robin雷达公司生产的ELVIRA雷达[17]。该雷达源于机场鸟类探测,是一种专门设计的无人机探测雷达,用于应对日益增长的来自滋事无人机带来的威胁。它将智能软件与鸟类探测雷达结合起来,为无人机探测和跟踪进行了专门设计。通过将多个雷达设备组合成一个集成的雷达传感器网络,该雷达可以提供不受限的覆盖范围,具有可扩展性强、灵活性大和可靠性高的优点。在专用图形用户界面中,多部雷达的输出被整合到一张清晰的图片中,这意味着一架无人机会引发一次警报。系统支持固定部署和游动部署两种方式。对于固定部署模式,它可以在几分钟内运行起来,而其游动式版本可以在停车后60 s内探测到无人机。

该雷达支持简单应用程序编程接口(API),因此其跟踪和警报可以轻松与其他传感器和第三方指控平台进行集成。为了提供目标的视觉图像,以便采取进一步行动,该雷达可以配备高分辨率云台变焦摄像机,以视觉的方式进行目标确认。

要对无人机和鸟类或其他移动物体进行区分,是防止误报的关键。其他系统需要多个传感器的组合,才能实现目标探测和目标分类,而ELVIRA将探测和识别集成在一个传感器中。这在决策过程中节省了宝贵的时间。ELVIRA雷达的主要技术指标见表5.4①。

表5.4　ELVIRA雷达的主要技术参数

技 术 体 制	调频连续波雷达
工作频率	9650 MHz(X波段)
功率输出	4 W/36 dBm
最大量程	5 km
对3 kg无人机的探测距离	3 km
对3 kg无人机的分类距离	1.1 km

---

① 感谢荷兰的Robin Radars公司提供了这些细节。

② (译者注)原文笔误为m,正确单位为mm。

续表

技 术 体 制	调频连续波雷达
天线主波束宽度	$10° \times 10°$
方位覆盖范围	$360°$
俯仰覆盖范围	$10°(-5° \sim 17°$可调$)$
方位分辨率	$1°$
距离分辨率	3.2 m
边扫描边跟踪模式	支持
旋转/扫描速度	45 r/min(1.3 s/r)
分类方法	微多普勒
尺寸	直径900 mm$\times$ 高度1000 mm[②]
质量	72 kg
通讯	以太网,1000Base-T
防护等级	IP63[①]

5.2.4 总结

雷达传感器对于建立反无人机系统至关重要,对于机场或位于农村地区的大型关键基础设施更是如此。在反无人机系统中使用雷达的优势如下:

➤ 雷达可以远程探测无人机,提供早期预警;

➤ 雷达可以在不利气象条件下工作,而其他传感器(如光学传感器)无法胜任;

➤ 雷达信号可以穿透橡胶和塑料等绝缘体,获取必要的数据;

➤ 雷达可以提供目标的精确速度和准确位置;

然而,由于其固有的局限性,单靠雷达无法保证100%的无人机探测精度:

➤ 雷达需要与被探测的无人机保持通视,一架非合作无人机可以通过低空飞行,躲在树木和周围建筑物后面等方式,绕过仅由雷达组成的反无人机系统的探测;

➤ 它们在空旷地域工作良好,但在建筑聚集区域会产生许多虚警;

➤ 难以探测盘旋的无人机;

➤ 难以探测小型无人机和纳米无人机;

➤ 它们需要劳动密集型装置;

➤ 雷达的方向精度取决于雷达的尺寸(和成本),如果要求方向精度小于0.5°,

① (译者注)IP63中,6表示防尘完全防止外物侵入,且可完全防止灰尘进入;3表示防止喷洒的水侵入,防雨,或防止与垂直的夹角小于60°的方向所喷洒的水进入造成损害。

还需要大幅增加成本;

> 这是一个有源系统,需要获得无线电管理机构的操作许可;

> 大多数无人机的雷达截面积几乎与鸟类相同,因此一些雷达系统在从鸟类中区分出无人机时可能会产生很多的虚警信号;

> 即使雷达系统探测到无人机,也很难对其进行识别或分类;

> 雷达从原理上说无法探测到无人机的操控人员。

因此,大多数反无人机系统利用其他探测传感器与雷达结合,旨在提高无人机探测的效率和准确性。

5.3 射频探测传感器

无人机的射频探测就是截获无人机与地面站之间的各种传输信号并对其进行分析。一般来说,射频探测系统分为有源和无源两类。大多数已知的射频探测系统为无源系统,其探测和分析的目标信号包括地面站发射的上行链路控制信号和无人机发射的下行链路遥测和视频信号。有源射频探测系统工作方式类似于雷达,将无源射频探测系统与专用发射机结合起来,其中的发射机唯一目的就是照射无人机,无源射频探测系统则接收无人机的反射信号。

如前所述,无人机工作频率各不相同,但大多数商用无人机在ISM频段(开放给工业、科学和医学机构使用的频段)中的433 MHz和2.4/5.8 GHz上运行。由于同一地域内存在的其他合法用户,这些简单的功率检测方法将不起作用。

因此,大多数现代射频探测系统都能够检测和识别出无人机产生的独特信号。在文献[18]中,作者描述了无人机射频探测的3个不同概念:

5.3.1 通过分析螺旋桨的反射信号进行无人机探测

在这种射频探测系统中,利用现成的接收机(例如用于检测商用小/微型无人机的Wi-Fi接收器)截获并识别螺旋桨反射的信号特征来进行无人机探测。反射信号根据螺旋桨的转速和大小进行调制,并根据无人机和接收机之间的距离产生成比例的时延。因此,通过在时域和频域分析接收到的反射信号的调制和时延,就可以识别无人机的类型,至少可以识别其大小。

例如,法国Parrot公司出品的Be-bop AR型无人机的螺旋桨可在7500~10500 r/min之间变速旋转,在小于100 Hz的频带内产生清晰可见的无人机特征[19]。

文献[19]中描述的测量实验表明,受无人机螺旋桨的旋转速度影响,每个反射信号的持续时间在1.4～2 ms之间变化,该反射信号可用于开发无人机探测算法。和预期的一样,反射能力也取决于无人机的方位,通常信号穿过无人机螺旋桨后不会被完全反射。此类射频探测系统尚处于初始的开发阶段,预计在探测无需与地面站通信的自动模式下飞行的无人机时将非常有效。然而,在目前的开发阶段,仅当无人机和探测系统之间的距离小于3 m时,它才可以有效地工作。这意味着该系统的实用之路漫长且颇具挑战。

5.3.2　通过分析无人机的振动模式进行无人机探测

在这些系统中,射频接收机分析接收到的信号,将其与现有的信号库(无源射频探测系统)或有源射频探测系统发射的信号进行对比,寻找到信号的变化。这些因无人机振动引起的变化可以通过测量接收信号强度(RSS)和相位(φ)调制来检测[19]。这个概念可以用下面简单的公式来解释。

设d为无人机与地面站之间的距离,Δd为无人机振动产生的距离变化;根据众所周知的路径损耗方程估计,接收信号的强度为

$$RSS = \gamma G^2(d + \Delta d)$$

式中,γ表示无人机机身的反射能力,满足$0 < \gamma < 1$;G表示由于信号往返传播而产生的衰减增益。我们假定一架理想无人机,其不产生任何振动,即$\Delta d = 0$。那么可以假设这种理想无人机在理想传播条件下(无多径效应,无深衰落)的接收信号强度将是恒定的。因此,在理想条件下,接收信号强度的波动将由Δd的变化或无人机振动引起。在非理想条件下,由于传播效应,接收信号强度会有另外的变化。

然而,相对于所需的无人机探测范围($d > 1$ km),$\Delta d/d$的比值非常小(约为0.001%或更低),明显小于传播效应引起的接收信号强度变化。因此,这些小范围变化的模式可用于探测无人机并估计其与射频传感器的距离。这种方法的准确性和探测效率将在很大程度上取决于接收机的灵敏度以及该区域内其他无线系统产生的噪声水平。通过分析接收信号的相位变化,可以提高距离探测的分辨率。这可由以下公式实现[19]:

$$\phi = \frac{2\pi \times (d + \Delta d)}{\lambda}$$

其中,φ是相位,λ是接收信号的波长。检测到相位φ的变化,可用于分析Δd的模式并探测无人机。如前文所述,该原理在探测自动模式下飞行的无人机时非常有

用;然而,尽管这一领域的研究不断产生有趣的结果,但目前利用这一概念的射频探测系统所实现的探测范围还达不到实用的要求。

5.3.3 通过分析无人机和地面站之间的通信链路进行无人机探测

在这些射频探测系统中,通过对地面站发射的上行链路信号和/或无人机发射的下行链路遥测和视频信号进行分析,进而作出决定。这些射频探测系统的设计利用了无人机和地面站之间通信链路传输层的知识,也包括系统拓扑和系统架构的知识。这是通过建立一个包含各种无人机信号的信号库来实现的,信号库质量越好,射频探测系统的性能就越好。依赖这些库的无源射频探测系统首先分析主流无人机厂商使用的控制信号,然后确定这些信号的独特特征,最后寻找具有这些独特特征的信号[20]。

然而这样会产生一个合理的问题:如果大多数无人机与地面站通信使用2.4/5.8 GHz频段,同时使用Wi-Fi信号,那么射频探测系统如何区分一架悬停的无人机和在附近办公室工作的Wi-Fi接入点呢?

这个问题的答案也很简单:尽管无人机和地面站之间的通信链路使用与传统Wi-Fi系统相同的物理层信号,但传输层存在某些差异,可用于有效的射频探测。例如,在传统的消费级Wi-Fi系统中,接入点和外围设备(手机、平板电脑、笔记本电脑、电视机)之间的信标交换频率大约为10 Hz(每100 ms发生一次)[21]。然而,大多数无人机与地面站的信标交换频率大约为30 Hz[22-24]。若要提供精确的飞行状态数据(数据变化迅速),并及时从地面站接收飞控指令,那么就需要这种更高频率的交换。此外,这样做也是为了在无人机和地面站之间实现稳健可靠的通信,确保来自周围Wi-Fi应用程序的信号不会干扰无人机的运行。因此,射频探测系统监控通信信道,除了在2.4/5.8 GHz频段测量接收信号强度外,还可以在低于100 Hz的频段观察信号。通过分析这些信号并与系统库中的信号进行比较,可以在超过1 km的距离内更有效地检测无人机。

一个好的库允许用户根据数据信号实时探测和识别飞行中的无人机[18]。大疆DJI公司的AeroScope系列射频探测系统就是一个典型例子[25]。抛开有关无人机制造商同时生产无人机探测系统这一商业模式的讨论不谈,我们需要强调的是,只有当这些无人机包括在数据库中时,该系统才能实现对这些无人机的可靠探测和识别(例如,AeroScope系统中就包含有大疆DJI公司的无人机)。即使建立并维护了一个良好的信号库,也不足以研制出高效的射频探测系统,这有3个主要原因:

> 该信号库只能在检测到信号时使用,这意味着接收机的灵敏度、在噪声环境中工作的能力与信号库的质量一样重要[20]。

> 以自主模式运行的无人机和自杀式无人机[26-27]执行任务时不与地面站保持通信。它们在执行飞行计划或攻击目标时,只需将坐标输入无人机导航系统或者将目标图像上传至控制系统即可。

> 出于恶意或非法目的使用的无人机可能是自己制作的或手工改装的,因此它们与现有的信号库不匹配[20]。我们参与了一些相关试验,在对现成的大疆DJI精灵无人机的射频信号进行了特定方式的修改后,即使无人机与地面站保持着所有通信链路,大疆DJI公司的Aero-Scope射频探测系统也无法发现它。因此,在城市环境中探测非标准无人机可能不会成功。

在许多实际应用中,探测无人机的条件可能是不充分的。例如,如果射频探测系统使用全向天线,它可以发现无人机,但无人机的方向或到达角是未知的,因而难以实施有效的对抗措施。因此,一旦发现无人机,就必须确定接收到分类信号的方向,并提供被检测无人机的方位,从而对目标无人机进行更有效的对抗。

测向或无线电测向技术最初诞生于20世纪初,几乎与第一批无线电通信系统同时投入使用。1910年,美国国家标准局的W. G. 韦德研制了第一个无线电测向系统,他使用一个大口径多环天线来实现无线电测向。在二战和冷战期间,这些系统被广泛用于定位未经授权的电台发射机和报务员。在卫星导航系统广泛使用之前,无线电测向是协助飞行员和船长进行导航的主要工具。即使在全球卫星导航系统已经普及的今天,无线电测向仍在航空业和海运业使用。无人机无线电测向的大部分技术最初是为无源探测和定位移动电话而研制的。但无人机无线电测向系统还需要进行额外开发,才能实现特定功能,例如在多个频段同时运行,以及实现对无人机及其操控人员的探测和定位。

测向是指使用专用仪器、天线和方法来确定射频能量源或目标的物理位置。测向精度要求因不同的应用而异,但对反无人机应用来说,通常要求精度在几度以内。无人机可以悬停或以不同的速度移动,在最坏的情况下,无人机是非合作的独立个体。如图5.11所示,无线电测向的原理与前面在解释全球卫星导航系统时描述的三角测量概念类似。然而,与三角测量技术不同的是,无线电测向只确定发射机(在我们的例子中是无人机发射机)的方向或方位以及测量天线到发射机的距离;三角测量技术需要至少3颗卫星的信号以提供用户目标的精确地理坐标。无线电测向只需要两个接收天线,若使用两个以上的接收天线,则有助于提高测向的精度并准确定位无人机。这些接收机位置必须不同,因为接收天线之间的距离越大,测量精度越高。

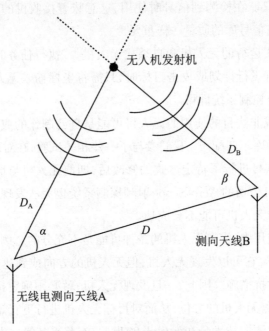

图5.11　无线电测向的概念

为了解释无线电测向的概念,可以模拟一下二战电影中的一个场景:反间谍机关正试图抓捕间谍小组,而间谍小组正在使用临时无线电通信向他们的总部传输关键信息。反间谍机关通常会使用无线电侦测车顶上的旋转天线监控信号强度,此时在车辆A中接收到信号的最高电平所对应的角度为 α;与此类似,车辆B中接收到信号的最高电平所对应的角度为 β。已知 α、β 以及无线电侦测车A、B之间的距离 D,可以计算发射机与车辆A、B之间的距离 D_A 和 D_B,分别为

$$D_A = \frac{D \times \tan\beta}{\cos\alpha \times (\tan\alpha + \tan\beta)}$$

$$D_B = \frac{D \times \tan\alpha}{\cos\beta \times (\tan\alpha + \tan\beta)}$$

无线电测向系统的典型框图如图5.12所示。

在图5.12中,不同位置的不同天线用于不同频段的信号测量(例如,对商用无人机进行无线电测向的天线,需要在433 MHz、2.4 GHz和5.8 GHz频点下工作)。由于机械扫描的机制和成本导致测量精度低,现代无线电测向系统中不再使用机械扫描天线。取而代之的是,所有现有的射频探测系统都采用了天线阵列系统,在提供了更高测量精度的同时降低了系统的复杂性和成本。

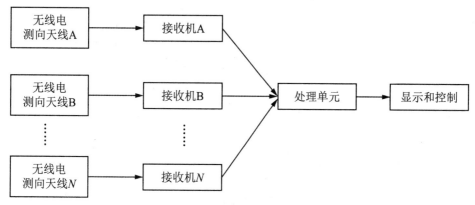

图5.12 无线电测向系统的典型框图

上例描述的无线电测向系统也称为测量到达角的无线电测向系统。系统为每个已安装的接收站生成方位,这些方位被定义为到达角。系统测量信号到达天线阵列的角度,而不是测量信号到达不同单元的相位或时间差。确认信号到达天线的标准是天线处输入信号的功率达到最大值。因此,到达角也被称为最大到达功率技术。

因为不需要进行时间校准或相位校准,也不需要计算频差,所以说到达角系统是一种非常简单的无线电测向方法。它使用简单的接收机,不需要复杂的方位计算,到达角系统的精度随着分布式天线数量的增加而增加。这些系统对所有类型的信号都能有效工作,但对多径干扰非常敏感;如果要获得令人满意的结果,通常要求电磁波视距直视传播。

多路径(简称多径)现象是指无线电信号从位于接收机尤其是无线电测向接收机附近的各种物体反射而产生的现象。在存在多径现象的情况下,发送的信号具有不同的传播路径,它们在不同的时刻以不同的相位到达接收机天线,从而导致信号电平的变化,也称为衰减。在多径的极端情况下,信号可能会通过两条不同的路径,到达时相位相差180°,最终相互抵消。事实上,随着从多个地点采集的方位数量增加,这种极端情况很少出现。

根据频带的不同,多径通常是由大气波导、电离层反射和折射以及来自山脉和建筑物等地面物体的反射引起的[28]。对于用于无人机和地面站之间通信的频率,多径的主要原因是水和建筑物的反射。多径现象的原理如图5.13所示。

当涉及在诸如机场、大型关键基础设施(如核电站)或露天活动(音乐节)等开阔地域进行无人机探测时,由于无人机和无线电测向接收机之间的视线直达,多路径的影响被最小化。

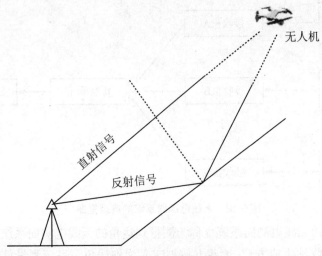

图5.13　多径现象的原理

　　然而,在城市环境中,多径是无人机射频探测和测向的最大问题。再加上接收机附近其他发射机的干扰,城市环境中到达角无线电测向系统的性能和精度显著降低,因为每个接收到的信号都会产生虚警,对应着并不存在的无人机,导致需要手动核查所有探测到的目标。克服多径干扰的一个最佳方法就是从许多独特的位置获取多个方位:其数量规模在数百到数万之间[29]。显然,这带来了两个挑战:

　　➤ 计算:大量的方位角对三角测量的性能没有提升。

　　➤ 复杂性和成本:此类系统的采购、设置和运行将需要大量的规划,并将导致高昂的成本(也包括运行成本),这很可能是用户无法接受的。

　　无人机射频探测和定位的另一项技术是基于时差定位原理,它可以减少一些多径的影响。如图5.14所示,在时差条件下,在不同位置上至少有3个接收机接收来自目标无人机的信号。

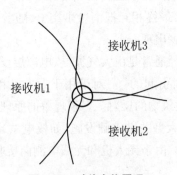

图5.14　时差定位原理

　　由于无人机信号发射机与不同接收机之间的路径长度不同,信号到达时间也不同。这些时间差可以表示为双曲线,双曲线的交点为感兴趣的发射机位置。时差定位系统的框图与前面显示的到达角系统的框图非常相似。然而,在时差定位系统中,所有接收机都通过数据链路连接到主站,该数据链路将带时间戳的数字中频信号从远程接收机传输到主站。在主站,利用互相关函数在所有接收信号之间进行计算,最终得出接收信号之间的时间差估计值[29]。一旦接收信号之间的时差 Δt 已知,时差定位系统处理器就会计算并绘制双曲线,表示无人机和各个接收机之间的距离。多条双曲线的交点就是无人机的估计位置。

实际上,时差定位系统的测量精度通常在 1 km 范围之内;然而,系统的性能和精度在很大程度上取决于接收机的地理位置[30]。因此,为了提供最有效的时差定位系统,必须预先了解发射机的位置。这显然给反无人机系统操作员带来了挑战,因为滋事无人机可能出现在任意的位置。然而,通过良好的规划、明确定义的需求和安保威胁,尤其是对于像机场这样的大型关键基础设施,可以在禁飞区周边安装多个接收机来解决这个问题。

有许多无人机射频探测系统被宣传为市场上最好的,具有"小于1°的测向精度"和"无限远的有效探测距离"等指标[20]。然而,对这些说法不必太当真,因为大多数结果都是在理想的实验室条件或低射频发射环境中获得的。我们参加了大量的产品演示活动,一旦打开其他射频发射源(例如雷达、大量 Wi-Fi 应用程序、干扰设备),原本表现优异的射频探测演示系统的性能就会急剧下降。当然,我们也观察到一些射频探测系统非常稳定且令人印象深刻,那么这些系统被安装在世界各地的各种关键基础设施位置也就不足为奇了。接下来,我们将对这些系统进行非常简要的描述,但是这些不应被视为对射频探测系统的全面评价或推荐。

5.3.4 "天空射手"

新加坡科技工程公司的"天空射手"无人机探测系统是一个多传感器集成系统,该系统使用射频信号检测、测向以及视觉分析来自动探测、分类和跟踪商用无人机。射频信号检测提供关于无人机操控人员和目标无人机的方向指示,再加上视觉分析,实现对目标无人机的识别、分类和跟踪。射频信号探测提供无人机操控人员(上行链路信号)和目标无人机(下行链路信号)的方向指示。它还可以根据无人机遥控库识别出无人机的型号。表5.5给出了射频探测传感器的参数。

该系统的外观如图5.15所示。

自2016年以来,"天空射手"系统已安装在东南亚的一些关键基础设施位置,尽管工作环境条件恶劣(温度高达55 ℃、高湿度和高射频噪声环境),但仍表现良好。

表5.5　"天空射手"射频探测传感器参数

参　　数	性　能　指　标
射频探测频率范围	20 MHz～6.0 GHz
库数量	15[①]
探测扇区覆盖范围	5°～15°
直视探测距离	1～2 km

图5.15　"天空射手"系统

（感谢新加坡科技工程公司提供了相关资料）

5.3.5　"天空勇士"

英国梅蒂斯航空航天公司[②]的"天空勇士"提供了一种射频多传感器解决方案，为操作员及时提供高可信的无人机活动信息，帮助人们判断无人机的活动意图并采取合理的应对措施。传感器及其探测技术确保了系统能够对被保护区周边大范围内的目标实施高概率的拦截，不管这些目标是无人机还是其他潜在威胁。通过一个简单易用的软件界面，将系统集成到一个可对已部署传感器灵活配置的柔性网络中，其中所有的传感器都参与了最终决策过程。相关信息以可配置的形式呈现给操作员，以便以清晰明确的方式作出决策。

"天空勇士"为用户提供搜索、探测、识别、跟踪无人机的能力，还可以报告未经授权的无人机。该系统可以全天候全天时运行。系统功能的设计满足最少的人机交互，目标是在标准操作期间25％的操作员专心于操作系统即可正常运转，并可与其他反无人机系统传感器互操作。系统体系结构允许固定和移动式安装，并支持渐进式升级开发。图5.16图示了布署在各种关键基础设施站点的"天空勇士"。

---

① 此为著书时数据，新加坡科技工程公司会不断更新和增加库的数量。

② 感谢英国梅蒂斯航空航天公司提供了"天空勇士"系统相关的资料。

（a）固定布署的"天空勇士"系统　　　（b）移动布署的"天空勇士"系统

图 5.16　"天空勇士"系统

"天空勇士"软件提供了一个易于操作的用户界面,将部署的传感器集成到一个解决方案中。该软件是完全可配置的,以满足现场操作员的各种需求;如果需要,通过两级操作,更专业的操作员可以访问更详细的信息。

该系统还可以探测、跟踪和识别大多数无人机控制器。其增强的功能升级提供了对无人机控制器(如大疆 DJI 或 Futaba 无人机控制器)的记录、显示和输出直接序列扩频及跳频扩频的单跳参数的功能。通过时间同步,还可允许配套的射频干扰系统对无人机控制信号实施外科手术式精确压制干扰,从而减少对射频频谱内其他频段的影响。

"天空勇士"软件的主要功能包括:

➢ 实时频谱监测;

➢ 多任务能力;

➢ 传感器节点可从一个扩展到多个;

➢ 有线(5 类非屏蔽双绞线和光纤)和无线节点网络;

➢ 多格式频谱显示;

➢ 二维地图显示;

➢ 使用人工智能和参数检测技术的自动探测;

➢ 用于干扰的射频信号参数输出。

这些功能为操作员提供了多种益处,包括增强态势感知、提高操作敏捷性以及感兴趣领域活动的实时信息共享。除了完成实时操作任务,该软件还可以利用其记录功能为用户提供事后数据分析和信号识别能力。

"天空勇士"为客户提供了一个经济高效的解决方案,使用至少两个无线电测向传感器进行地理定位,也可以添加更多传感器,并在需要时将其集成到一个更大的多层反无人机系统中,对指定区域提供保护。该解决方案的性能取决于作用距离、发射功率、地形遮蔽和射频噪声水平等参数。无线电测向传感器通过两条方位线的交点清楚地指示出无人机的位置。系统的主要参数汇总在表5.6中。

总而言之,"天空勇士"是一个成熟且经过验证的射频探测和跟踪系统,主要优点如下:

- 跨多个射频频段,同时对多个无人机系统进行探测、识别和地理定位;
- 发现概率高;
- 可以对无人机进行早期探测(起飞前);
- 提供自动探测和地理定位工具;
- 能探测无人机的无线电控制单元;
- 虚警率低;
- 可全天候全天时工作;
- 360°方位覆盖。

表5.5 "天空勇士"的主要参数

探测/分类指标	取　　值
无人机探测距离:农村	>2.5 km
无人机探测距离:城市	1.5~2 km
控制器探测距离:农村	>0.8 km
控制器探测距离:城市	0.4~0.6 km*
无人机同时探测数量	测试了4架无人机,理论上超过10架无人机
无人机探测	无人机和/或发射元件控制器单元
无人机自动探测最小信号电平	射频噪声水平以上5 dBm(2个标准差)**
控制器自动探测最小信号电平	射频噪声水平以上8 dBm**
可探测的无人机速度	小于等于50 m/s
无人机初始探测时间	90帧/0.8 s(参数检测)
探测方法	掩蔽:固定和定制(生活模式/新无人机),参数化人工智能
背景遮蔽	无遮蔽、部分遮蔽、跨光谱完全遮蔽
数据记录	完全可选择,全自主方式(如果已选择)
监控方位	360°
方位误差	±5 RMS
仰角	0°~90° ***
测向精度	俯仰角<60°时±0.5°(1σ)
测向分辨率	0.01°
GPS定位精度	<2.5 m,圆概率误差,50%典型,<5.2 m,圆概率误差,95%典型
频率范围(标准)	400 MHz~6 GHz

续表

探测/分类指标	取　　值
极化方式	圆极化天线
最大瞬时带宽	100 MHz
扫描速率	＞400 GHz/s
部署	分布式接收器组网能力,因此可以部署多个传感器(无限),适用于恶劣环境、移动、便携式或永久性固定安装
操作员功能	—
无人机定位	无人机方位、无人机GPS坐标、无人机距离
无人机地图显示	无人机位置的地图叠加
记录	24小时录制、事件重播、全数据速率流到主机(如果选择)
遥测日志	记录的所有日志/事件

注:*目标需位于视距直线传播范围内,控制器功率置于最大,指定的大疆DJI Lightbridge 2(Phantom 4和Inspire)处于开阔地域。还取决于有无如蓝牙等其他干扰信号。

**基于大疆DJI Phantom 4(环境可配置设置)。

***仰角＞60°时,方位误差将增加。

5.3.6 "无人机猎手"DHS-PRO

匈牙利Fortunio公司的"无人机猎手"DHS-PRO系统并不是通过对通信和控制信号的频谱分析探测无人机,而是对无人机推进系统产生的信号进行分析。它是一个可靠且经济高效的无人机探测系统,几乎没有虚警。该系统在探测以自主模式飞行的无人机(无需与地面站通信)时特别有效,并能与可变功率干扰机组合使用(这将在后面描述)。该系统可以无人全自动运行,大大降低了运营成本。

该系统可以在指定的保护区周围采用固定式网状配置,也可为特别行动(军事演习、体育或公共活动)进行机动部署。其性能和有效性已在欧洲和中东的大量实际装置中得到验证(图5.17)。

图5.17　安装在欧洲的"无人机猎手"系统
(感谢匈牙利Fortunio公司提供了系统相关资料)

5.3.7 "空中围栏"

芬兰 Sensofusion 公司[①]的"空中围栏"6.0 是一个经过验证的集成射频系统,实现可靠的无人机探测、跟踪和压制(在本节中将介绍与射频探测相关的性能,而与干扰相关的性能将在下一章中介绍)。该系统在 300 MHz~6.0 GHz 的频段内工作;它基于高效的低噪声功率架构研制,因而对大疆无人机的探测距离可达 10 km。系统的探测能力非常强(无人机进入探测范围后约 1 s)。灵活的系统架构还允许它作为一个独立单元使用,或与其他传感器结合使用,成为更大的反无人机系统的一个组成部分。独立模式通常搭载于车辆、船舶、载人/无人飞机和重要人物车队等移动装置。当用作单个传感器时,无需外部连接,它就可以轻松连接到现接有的反无人机传感器网络。

对于固定安装,"空中围栏"系统需要配置一个专用服务器,可以采用下面两种方式:

➢ Sensofusion 公司托管的"空中围栏"传感器网络(Sensofusion 公司提供主机):系统通过互联网连接到专用的 Sensofusion 服务器,公司确保全天 24 小时不间断运行,提供最新的软件更新。典型的应用环境包括机场、监狱、工业场所和仓库。

➢ 客户自主托管的"空中围栏"传感器网络(客户自己提供主机):当客户(例如军队、雇佣兵、警察等)要求运行状态需要保密时,通常采用这样的方式。所有传感器都连接到终端客户自己提供的系统服务器。

在探测和跟踪模式下,"空中围栏"作为一种无源射频探测系统,适用于固定设备和移动设备。它通过专门设计的定向天线实现,包含 3 个单独的天线,参数如下:

➢ 天线 1:测向天线,2.4/5.8 GHz,6 dBm;

➢ 天线 2:全向天线,433 MHz,3 dBm;

➢ 天线 3:全向天线,915 MHz,3 dBi。

一旦在预定区域内发现无人机,系统就会向授权人员发送短信通知或电子邮件,同时启动一个有源射频干扰机,并创建无人机探测日志,以供未来司法调查使用或用于起诉。

"空中围栏"6.0 具有 IP 等级认证(电气设备外壳对异物侵入的防护等级),质量小于 10 kg,可在 10~15 分钟内完成安装。它的性能在欧洲和世界各地的许多安装应用中得到了验证。

①感谢芬兰 Sensofusion 公司提供了系统相关资料。

5.4 光学检测系统①

需要一整套传感器,才能涵盖无人机探测的所有可能性。归根结底,它们必须能够以光学方式探测无人机。

——蒂姆·波塔奇机长

英国航空飞行员协会代表[1]

5.4.1 光学探测系统的类型

所有无人机操控人员和反无人机系统操作员都知道,很难发现微型无人机或小型无人机,尤其是当无人机在运动时。在距离超过100 m时,在事先不知道无人机位置的情况下依靠视觉发现它的概率非常小,而当距离超过300 m时,这几乎是不可能的。在文献[31]中,Farlik给出了各种视觉无人机探测传感器的实验结果。

5.4.1.1 人眼视觉探测

以下几种是人眼视觉进行探测的方法:

➤ 徕卡双筒望远镜7×42(7倍放大,42 mm口径):通过人眼视觉进行初步定位,发现距离可达200 m左右。无需三脚架就可以在1.2 km的距离内跟踪小范围内的无人机。

➤ TZK防空军用双筒望远镜10×80(10倍放大,80 mm口径):在已知位置的情况下,可以使用双筒望远镜发现无人机,使用主物镜可在1.2 km的距离内跟踪无人机。

➤ ReTOB专用望远镜:这种空中目标专业探测设备由熟练的专业人员使用。已知无人机的初步定位(例如由雷达提供)时,可以在距离>1.5 km的地方发现和跟踪无人机。

5.4.1.2 红外传感器

由于众所周知的物理学原理以及环境对探测距离的强烈影响,红外光谱的探测受到严重限制。红外传感器测量物体和背景的热信号对比度。当用于探测无人机时,红外传感器将测量发动机、螺旋桨、整个无人机和背景天空的热特征。测量

---

① 感谢英国 Rinicom 公司的 Denis Kolev 提供了相关资料。

精度取决于无人机发动机的温度、无人机颜色、红外摄像头视角、红外摄像头温度（冷却或非冷却）、波长、红外摄像头与无人机之间的距离以及无人机的结构等因素。表5.7给出了利用FLIR A40微辐射热测量仪（320线×240线分辨率）探测TAROT F650型（650 mm×650 mm）无人机的典型结果，而对大疆精灵无人机（350 mm×350 mm）探测距离将按比例减小。

为了达到预期的探测距离，需要使用军用级、冷却式热成像摄像机，但随着分辨率的提高和冷却选项的增加，这些红外摄像机的成本急剧上升（我们知道一个性能优异的红外传感器解决方案的成本不会低于20万英镑），冷却也会大幅增加系统运营成本。因此，只有高端军用级反无人机系统才使用红外传感器，而大多数民用反无人机系统在昏暗条件下依赖于雷达和射频探测。

表5.7　FLIR A40微辐射热测量仪性能参数

操　　作	探测距离(m)
探测	<300
识别	<70
确认	<30

5.4.1.3　光电传感器

直到最近，反无人机系统还使用光电/红外传感器，这些传感器由其他传感器（雷达、射频传感器）进行引导，主要用于提供无人机及其有效载荷的视觉图像，并记录图像，用于司法调查和最终的起诉。

与所有传统光学系统一样，在昏暗和雾天条件下，其性能将受到影响，探测能力将受到高规格镜头可用性和在视野内无人机是否受障碍物遮挡的限制。例如，即使是工业级高分辨率光电摄像头，使用标准水平视野（范围为20°～45°），在超过200 m的距离时，大疆无人机的线性尺寸也就只有几个像素。这致使难以将无人机与噪声或任何其他移动物体（如背景中的鸟或飞机）区分开来。为了将目标识别为无人机，镜头的视野应该非常小，而这使捕捉像无人机这样的高速机动目标变得更难。

然而，尽管存在所有这些缺点，一些反无人机系统仍配备了光电/红外传感器，安装在世界各地的各种关键基础设施中。不幸的是，光电/红外探测系统的所有已知缺陷都出现在这些系统中。更糟糕的是，由于这些光电/红外探测系统在探测无人机时产生了较高的虚警率，并且光电/红外探测系统与其他传感器一起运行需要操作员持续参与，这些不利因素大大增加了系统运营成本。

5.4.2 使用人工智能的光学检测

Rinicom公司研制了一种新的光学无人机探测、分类和跟踪方法,并获得了英国的专利。与传统系统不同,这个名为"天空猎人"的系统使用两个光电/红外摄像头以及连带着两个相应的人工智能算法。该系统配备了通用显卡处理单元(GP-GPU)和超高分辨率机器视觉摄像头模块,利用深度学习方法进行图像处理。如图5.18所示,"天空猎人"中无人机的探测和识别分为两个主要阶段:

➤ 初步检测:远程目标的初步检测是通过静态高分辨率摄像头实现的。通过应用背景消除和多目标跟踪等方法,提取出一组运动目标。使用基于轨迹特征的统计拟合分类算法,将检测到的对象标记为可能的目标(提出变焦请求)。

➤ 分类:发现目标后,精确的方位提供给云台变焦摄像头,对准物体几秒钟生成图像,基于深度学习的识别算法依此实现对目标的进一步分类;然后摄像头转回待机位置,为下一个要分类的目标做好准备。

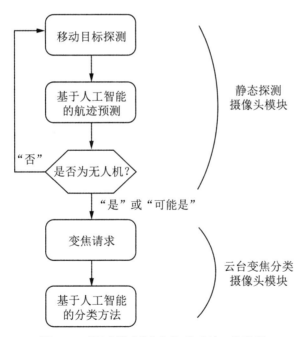

图5.18 "天空猎人"光电/红外系统工作流程

这种方法可以使用相对简单且廉价的摄像头模块,实现在极远距离上同时探测多个无人机(几乎无限数量)。除了探测和分类,该系统提供了非常精确(小于0.1°)的无人机方位定位和粗略的坐标估计以及连续跟踪。所有数据,包括探测和识别数据以及发现和识别目标的图像,都被保存起来并共享到指控平台。系统的软硬件联合架构图如图5.19所示。

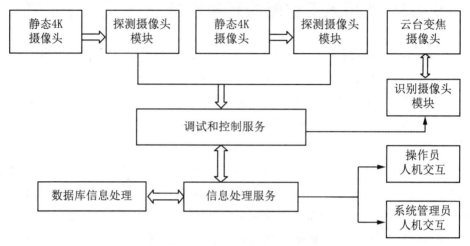

图5.19 "天空猎人"软硬件联合架构

在这种配置中,系统被设计为多模块系统,可以处理来自多个传感器的信息。典型的"天空猎人"系统包括以下子模块:

➤ 探测摄像头模块:它由几个静态高分辨率摄像头组成,每个摄像头连接到一个单独的处理板(GP-GPU或一个高性能CPU),在板中执行初步检测算法部分。这些模块称为探测摄像头模块。每个模块将获得的信息和目标位置等逐帧发送给调度和控制服务。每个目标的位置、标识以及其他临时特征都在对象描述符中编码描述。

➤ 调度和控制服务:它从所连接的探测摄像头模块接收信息,将接收到的物体位置转换为全局坐标系统,按优先顺序将探测结果排序,供识别摄像头模块进行处理。本服务将所有可用信息发送至信息处理服务;对从不同探测摄像头模块接收的数据进行分析并融合,处理多个探测摄像头模块对同一真实目标生成多个探测结果的问题(该流程被进一步表述为工作切换)。

➤ 识别摄像头模块:首先从调度和控制服务组织的优先队列中获取候选目标。然后它控制云台变焦摄像机,以便跟踪选定的(可能)目标并进行视觉分类。完成跟踪需使用探测摄像头模块上获得的目标定位信息。由于识别摄像头模块利用深度神经网络进行分类,建议将其安装在配备有GP-GPU的平台上。最终识别摄像头模块将每个处理对象的分类结果发送到调度和控制服务。

➤ 信息处理服务:它从(可能的)多个调度和控制服务中接收描述符和分类结果,并将其存储在数据库中。

5.4.3 检测算法概述

探测摄像头模块的探测距离在很大程度上取决于所用摄像头的参数。视场越小,图像的分辨率越高,可以实现的探测距离就越大。更精确地说,以下等式近似给出了对于指定图像参数条件下,在给定距离时无人机的大小(以像素为单位):

$$n_d = \frac{l_d N}{2L \tan \frac{\beta}{2}}$$

这里 n_d, l_d 为无人机对应的像素尺寸和线性尺寸,N 为图像的水平尺寸(以像素为单位),L 为摄像头到无人机的距离,β 是水平视野。假设 3 个像素足以进行探测(这一事实得到了大量实验的验证),那么使用 42°视场、4 M 像素的相机,对大疆的"精灵"无人机(线性尺寸约为 30 cm)的探测距离约为 500 m;对于 30°视场和相同的摄像头模块,其探测范围超过 700 m。

$$b_t = (1-\alpha)b_{t-1} + \alpha I_t$$
$$s_t = (1-\alpha)s_{t-1} + \alpha(I_t - b_{t-1})^2$$

其中,b_t 为背景均值,s_t 为方差,I_t 为时刻 t 的图像。处理中的主要挑战是无人机的像素尺寸非常小,这不允许我们使用任何滤波技术。前景由以下阈值确定:

$$f_t = (I_t - b_{t-1})^2 > \mu_{t-1}s_{t-1}$$

从前景图像中提取一组连通分量 f_t: $C_t = \{C_t^1, \cdots, C_t^l\}$,将其与跟踪对象集合 $O_{t-1} = \{o_{t-1}^1, \cdots, o_{t-1}^m\}$ 相关联。在一般情况下,$m \neq l$。

多目标跟踪通过基于库的卡尔曼滤波,并关联使用简化的匈牙利算法[33]来实现。卡尔曼滤波器的可见变量由目标团的位置和速度给出。隐藏变量定义为目标的位置和速度。目标团通过最大似然关联规则与对象关联,将问题转化为最优分配问题。

对于每个时刻(每个处理帧)的每个对象,提取特征向量,其中包括与轨迹相关的特征,例如速度、速度方差、加速度、连接部件平均大小和角速度方差等。基于提取的特征向量,使用袋装决策树[34]和 LASSO 回归[35]进行分类。分类模型采用半监督学习方法进行训练。如果每帧分类频率超过给定阈值,则该对象被标记为潜在目标或提出变焦请求。

探测摄像头模块在每帧向调度和控制服务发送有关所有潜在目标的可用信息。该信息包含的信息足以使识别摄像头模块以高精度将云台变焦摄像头旋转到目标上,并跟踪目标,直到完成分类或目标丢失。

探测摄像头模块的一个重要指标是每秒处理的帧数。该参数会影响检测质量,因为较低的帧数会使问题复杂化,目标发生关联和背景自适应估计。如果这个指标能有12~14,则通常可以获得最佳效果。为了达到这个指标,需用CPU处理高分辨率摄像头(例如12~20 M像素)产生的图像,应该进行低级别的优化,例如矢量化数字处理(SSE、AVX)。同时,配有GP-GPU的平台可以达到更高的指标,这使得它们更受欢迎。

5.4.4 分类算法概述

识别摄像头模块解决了两个主要问题:

➤ 利用从调度和控制服务(或探测摄像头模块)接收到的信息进行目标跟踪;
➤ 对象分类。

为了正确跟踪对象,识别摄像头模块必须同步3个数据流:

➤ 来自探测摄像头模块的变焦对象描述符流;
➤ 云台变焦摄像头位置信息流;
➤ 图像帧的数据流(图像)。

一般来说,对于每个描述符,需提供相机过去的位置以及哪一帧与所述对象的位置相对应。因此,可以估计如何旋转相机来跟踪对象以及对象是否出现在图像上。摄像头只能通过探测摄像头模块描述符的信息来进行导航。由于摄像头的分辨率高,所以从探测摄像头模块获得对象的角度定位精度非常高。可以使用探测技术进行额外的图像跟踪,但不能作为导航的主要驱动,因为这些方法的可靠性要低得多。这在一定程度上是由于基于图像的目标跟踪质量差,无法通过移动的摄像机(没有背景)跟踪小目标。然而,基于探测摄像头模块的导航要求云台变焦摄像头靠近静态摄像头,这样可以通过旋转获得物体角坐标的变换。摄像头之间的大位移可能会导致不正确的导航,云台变焦摄像头的正确旋转将取决于到物体的距离,这在一般情况下是未知的。

对于对象分类,使用了一种基于区域的时空快速卷积神经网络的方法。对于每一帧,神经网络输出具有检测置信度的可能对象位置。随着时间的推移对探测进行聚合,使用了统计技术或额外的时间重现层。可以对该网络进行训练,以区分不同类型的无人机。分类算法的框图如图5.20所示。

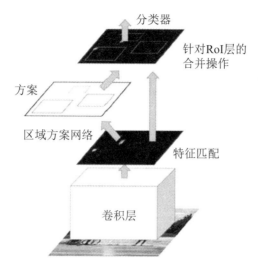

图5.20 基于区域的时空快速卷积神经网络的方法

图5.21显示了"天空猎人"系统的截图,还对无人机进行了分类。

（a）不是无人机

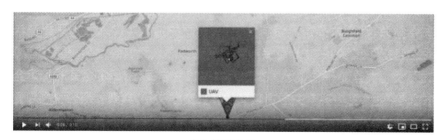

（b）是无人机

图5.21 "天空猎人"系统截图

"天空猎人"系统及其AI模块如图5.22所示。

图5.22 "天空猎人"的光学模块及AI分类模块
（感谢英国Rinicom公司提供专利相关资料并分享此图）

以上所述方法极大地改变了在反无人机行动中对使用光电/红外系统的看法。首先,这种方法允许使用低成本的摄像头模块实现超预期的光学检测性能。例如,"天空猎人"系统对大疆无人机(30 cm×30 cm)的典型探测范围超过1.5 km,而简单的云台变焦摄像头(30倍变焦)实现分类的距离则超过了1 km。

最重要的是,当与其他传感器和指控平台集成时,"天空猎人"可显著减少误警(虚警和漏警)的数量,并允许在无人的情况下进行自动操作。

5.5 声学传感器

与其他反无人机传感器类似,声学传感器也从军事发展演变而来,被长期用于探测狙击手和其他类似的用途。简单地说,反无人机声学传感器就是一组麦克风,用于拾取无人机螺旋桨和发动机产生的噪声,然后将接收到的信号与无人机声学特征数据库中的信号进行比对。声学特征数据库由一个信号处理模块支持,该模块使用简单算法(类似于前文所述的射频探测中的测向)计算方位角,并最终定位无人机运行的扇区。尽管声传感器在嘈杂的环境中表现不佳(例如城市或机场跑道),但它们仍具有某些优势,尤其是与其他检测传感器组合使用时更是如此:

➤ 在山区或高度城市化地区可能更加有效,因为地形或障碍物(如山坡或高楼)可能会对视线传播产生遮挡,并最终使其他传感器(雷达、光学)的效率降低。

➤ 声学传感器是无源的,不需要任何监管部门批准,因为它们不会干扰其他合法用户。

正如生活中经常发生的那样,我们的优势往往会转变为最大的缺陷。随着技术进步,无人机变得越来越安静,依赖声学信号(以及上面解释的所有优点)就成为声学传感器的最大缺陷。此外,对许多实际的反无人机应用来说,在特别嘈杂的环境中声学传感器的探测距离往往不够。

最常见的反无人机声学传感器是远程声学传感器[36]。它们有一个30°的窄波束,可以提供最大相对高度450 m以上,半径1 km的探测范围。每个声学传感器还包括一个600 cm长的天线盘,可安装在标准蜂窝天线的基站天线杆上。当然这首先需要获得天线塔所有者的许可,其次这些系统的安装本身颇具挑战。

参 考 文 献

[1] POTTAGE T. Commercial and recreational drone use in the UK: The house of commons science and technology committee report[R]. 2015: 47.42 Solutions, "Merlin," 2019, https://www.42solutions.nl/index.php/merlin/.

[2] Merlin. 42 Solutions[EB/OL]. (2019) [2020-01-01]. https://www. 42solutions. nl/index. php/merlin/. 9/11 Commission, The 9/11 Commission Report: Final Report of the National Commission on Terrorist Attacks Upon the United States, July 22, 2004.

[3] The 9/11 commission report: Final report of the national commission on terrorist Attacks Upon the United States. 9/11 Commission[EB/OL]. (2004-07-22) [2020-01-01]. https://911commission.gov/report/911Report_Exec. htm.

[4] Air traffic control association (ATCA) [EB/OL].(2018)[2020-01-01]. https://www.atca.org/uploads/National Security -When Time is of the Essence.pdf.

[5] Ground-probing radar, encyclopaedia Britannica. Britannica[EB/OL]. (2010) [2020-01-01]. https://www.britannica. com/ technology/radar/Ground-probing-radar.

[6] HÜLSMEYER C. Hertzian-wave projective and receiving apparatus adapted to indicate of give warning of the presence of a metallic body, such as a ship, or a train, in the Line of projection of such wave[P]. Patent No. 13170, (1904-09-22).

[7] CHERNYAK V. Fundamentals of multisite radar systems: multistatic radars and multiradar systems[M]. Amsterdam, The Netherlands: Gordon and Breach Science Publishers, 1998.

[8] WOLFF C. Frequency-modulated continuous-wave radar (FMCW Radar). RadarTutorial EU[EB/OL].(2002) [2020-01-01]. https://www. radartutorial.eu/02. basics/Frequency Modulated Continuous Wave Radar.en.html.

[9] BARTON D, SHERMAN S. Monopulse principles and techniques[M]. Norwood: Artech House, 2011.

[10] BARTON D K. Development of the AN/FPS-16 instrumentation radar[J]. IEEE Aerospace and Electronic Systems Magazine, 2011, 26(4):B1-B16.

[11] O'DONNELL R. Airborne pulse doppler radar. IEEE New Hampshire public lecture[EB/OL].(2010-01-01)[2020-01-01]. http://radar-course.org/Radar 2010 PDFs/Radar 2009 A_14 Airborne Pulse Doppler Radar.pdf.

[12] KIRSCHT M, RINKE C. 3D Reconstruction of buildings and vegetation from synthetic Aperture radar (SAR) images[C]//Proc. of IAPR Workshop on Machine Vision Applications. Chiba, Japan, 1998.

[13] STIMSON G. Introduction to airborne radar[M]. 2nd ed. Raleigh, SciTech Publishing, 1998.

[14] Tactical radars for the maneuver force. RADA Electronic Industries[EB/OL].(2019)[2020-01-01]. https://www.rada.com/capabilities-3/land-radars-2.html.

[15] Our technology. Aveillant. [EB/OL].(2018)[2020-01-01]. http://www.aveillant.com/technology/.

[16] Thales completes the acquisition of aveillant, world pioneer in holographic radar technology. Thales[EB/OL].(2017-11-28)[2020-01-01]. https://www.thalesgroup.com/en/worldwide/defence/press-release/thales-completes-acquisition-aveillant-world-pioneer-holographic.

[17] Countering drones at airports: what to keep in mind when evaluating solutions, white paper. Robin radar systems[EB/OL]. (2019-02-05) [2020-01-01]. https://www.epicos.com/sites/default/files//white-paper-countering-drones-at-airports-r1-250119-jb.pdf.

[18] NGUYEN P, RAVINDRANATHA M, NGUYEN A, et al. Investigating cost-effective RF-based detection of drones[C]// DroNet'16: Proceedings of the 2nd Workshop on Micro Aerial Vehicle Networks, Systems, and Applications for Civilian Use. Singapore, 2016:17-22.

[19] Parrot bebop quadcopter review: A (near) flawless drone with the sky controller, FPV drone reviews. Julio[EB/OL].(2016-02-05)[2020-01-01]. https://www.youtube.com/watch?v=Vnlp2mwivsk.

[20] EDGE A. Drone detection: Myths and reality. CRFS[EB/OL]. (2019-09-23) [2020-01-01]. https://www.crfs.com/blog/drone-detection-myths-and-reality/.

[21] GEIER J. 802.11 beacons revealed[EB/OL]. (2003-04-17) [2020-01-01]. https://wi-fiplanet.com/802-11-beacons-revealed/.

[22] PISKORSKI S, BRULEZ N. AR drone developer guide. Parrot[EB/OL].(2011-02-24)[2020-01-01]. https://homes.cs.washington.edu/~shwetak/classes/ee472/notes/ARDrone_ SDK_1_6_Developer_Guide.pdf.

[23] CLARKE R. Understanding the drone epidemic[J]. Computer Law & Security Review, 2014, 30(3): 230-246.

[24] ANDRE T, HUMMEL K A, SCHOELLIG A P, et al. Application-driven design of aerial communication networks[J]. IEEE Communications Magazine, 2014,52(5):129-137.3)

[25] DJI aeroscope. DJI[EB/OL].(2018)[2020-01-01].https://www.dji.com/uk/aeroscope.

[26] AU C. Taiwan develops anti-radiation 'Kamikaze' UAV. Shephard News[EB/OL].(2019-06-24) [2020-01-01]. https://www.shephardmedia.com/news/uv-online/taiwan-develops-anti-

radiation-kamikaze-uav/.

[27] MIZOKAMI K. Kalashnikov is getting into the business of self-destructing drones. Popular mechanics[EB/OL]. (2019-02-20) [2020-01-01]. https://www. popularmechanics. com/military/aviation/a26414352/kalashnikov-kub-bla-drone/.

[28] FERTIG L B, BADEN J M, GUERCI J R. Knowledge-aided processing for multipath exploitation radar (MER)[J]. IEEE Aerospace and Electronic Systems Magazine, 2017, 32 (10): 24-36.

[29] DENISOWSKI P. Introduction to radio direction finding methodologies, munich, germany, rohde and schwarz [EB/OL]. (2002) [2020-01-01]. http://denisowski. org/Publications/ Denisowski-An Introduction to Radio Direction Finding Methodologies.pdf.

[30] International Telecommunication Union (ITU). Spectrum monitoring: Handbook[M]. Geneva: ITU, 2011.

[31] FARLIK J. Multispectral detection of commercial unmanned aerial vehicles[J]. Sensors (Basel), 2019, 19(17):1517.

[32] Rinicom. Method and apparatus for detecting and classifying drones[P]. U.K. Patent Application No. 1905256.2, 2018.

[33] KUHN H W. The hungarian method for the assignment problem[J]. Naval Research Logistics Quarterly, 1955, 2: 83-97.

[34] QUINLAN J R. Induction of decision trees[J]. Machine Learning, 1986, 1(1):81-106.

[35] SANTOSA F, SYMES W W. Linear inversion of band-limited reflection seismograms[J]. SIAM Journal on Scientific and Statistical Computing, 1986,7(4):1307-1330.

[36] Anti drone. Acoustic sensors[EB/OL]. (2019) [2020-01-01]. https://anti-drone. eu/products/ acoustic-sensors/.

第6章　无人机对抗

6.1　引　　言

反无人机是一项复杂的、包含多阶段的过程,涉及多个系统之间的交互以及系统与操作员之间的交互。反无人机系统的开发和使用则为此提供了一个技术基础[1]。如前几章所述,典型的压制技术包括:

- ✓ 干扰;
- ✓ 电子欺骗;
- ✓ 黑客攻击;
- ✓ 激光炮(枪);
- ✓ 高功率微波;
- ✓ 水炮;
- ✓ 射网;
- ✓ 拦截者无人机;
- ✓ 猎鹰;
- ✓ 反无人机专用枪/炮;
- ✓ 导弹系统。

和反无人机系统的探测传感器一样,没有哪一种压制技术可以适用于所有的威胁场景。因此,在考虑如何选择具体的对抗措施时,需要综合以下因素:

- ✓ 干扰周边地区的通信系统;
- ✓ 干扰保护区内的导航和其他电子系统;
- ✓ 选定的对抗措施所造成的附带损害;
- ✓ (有效实施的)范围;
- ✓ 系统重新加载的时间;
- ✓ 系统工作的精度;

✔ 系统的易用性；

✔ 组织契合度；

✔ 非对称战争；

✔ 遵守法律法规。

为解决无人机引发的特定安全威胁选择最合适的压制方式只是解决问题的一部分。为了确保安装的反无人机系统在检测到无人机后提供所需的保护水平，必须建立一个明确定义的反无人机压制工作链。

6.2　反无人机压制工作链

最终用户并不真正需要反无人机传感器和压制技术，他们真正需要的是一个全面的解决方案，以确保发生无人机安全威胁时能够快速有效解决，并可以追究肇事者责任。因此，明确需求并采购反无人机系统只是第一步，但肯定不能彻底解决问题。如上所述，通常是通过建立反无人机压制工作链来实现完整的解决方案（即化解无人机造成的安全威胁）。该反无人机系统压制工作链的框图如图6.1所示。

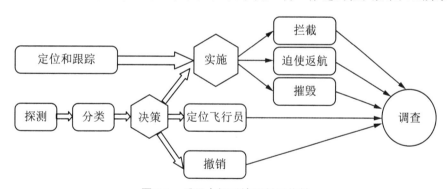

图6.1　反无人机系统压制工作链

如图6.1所示，首先，利用集成在反无人机系统中的传感器对无人机进行探测和定位。对无人机探测可以通过单个传感器（雷达或射频探测）来实现，或者通过指挥控制平台的多传感器融合来实现。在前文中已经解释了使用多传感器进行综合处理的好处，但重要的是，由于各种传感器提供不同的信息，信息融合通常会生成更全面的图像。例如，射频传感器可以探测到操控人员的语音信息，而光学传感器可以帮助识别无人机的搭载情况。一旦探测到无人机，通常使用光电/红外传感器和嵌入式的人工智能模块对其进行分类；只要无人机被分类并识别为滋事无人机，就要对其进行持续跟踪。

一旦无人机被识别为滋事无人机,系统就会发出警报,此时必须作出响应。目前现有的大多数反无人机系统,在指挥控制平台和态势感知平台支持信息的帮助下,由一名反无人机系统操作员作出决策,他需要在很短时间内在多种选项中选择最合适的压制措施。例如,一架大疆DJI公司的INSPIRE型无人机在大约2 km处被探测到,并在大约1.5 km处被归类为无人机,它可能在不到50 s的时间内就能飞抵目标(以94 km/h的速度飞行)。由于开启压制措施需要的时间,反无人机系统的操作员将只有不到30 s的时间来作出可能性命攸关的的决策。此外,随着无人机速度的不断提升,反无人机系统操作员的压力也越来越大。

通常,反无人机系统操作员将在以下选项之中进行选择:

✓ 开启一个或几个压制工具:其中包括干扰、电子欺骗、动能、拦截者无人机、激光枪、狙击手、猎鹰和水炮等(完整列表参见6.1节)。需要强调的是,特别是在民用环境中,由于反无人机系统操作员作出决策的时间窗口可能非常有限,所以应该将采取的压制措施视为解决问题的最终手段。

✓ 定位无人机操作员并终止飞行:这些功能仅在装备射频探测传感器时才可以实现,通常应用于无人机被认为不危险或不会产生生命威胁的场景下(例如,非法飞行的狗仔队、电视台或业余无人机试图获取独家照片)。

✓ 对无人机什么也不做:在某些情况下,更安全的做法是对无人机什么也不做,将安保工作的注意力集中在可能的目标上。例如,如果一艘载有明星的游艇发现了狗仔队的无人机,采取诸如请所有人离开甲板、穿上衣服这样的措施会更容易,而不是试图干扰或中止无人机,因为类似这样的行为,在不同的国家,可能会给反无人机系统的操作员带来一些法律问题。

假定已作出的决策能够解决无人机带来的威胁,如图6.1所示,在这一阶段,反无人机系统操作员在处理上有多种选择:

✓ 拦截:该方式包括使用从干扰、欺骗,到带有捕捉网的拦截无人机等各种工具。其目的是使无人机的某项关键功能失效,如导航系统失灵、控制系统失控、通信系统失联、螺旋桨或发动机出现故障等。

✓ 迫使无人机返航:该方式通常通过对无人机进行干扰或技术欺骗来实现。然而,一些改进型的无人机可能会有一个特殊的目标位置,在程序中定义为"家",因此需要谨慎使用该方式;若要获得最佳效果,还需与其他方式配合使用。

✓ 摧毁:该方式应被视为应对的终极手段,包括使用狙击手、强电磁脉冲以及水炮等方式。

即使无人机已经被摧毁,反无人机系统操作员的工作也还没有结束。在所有情况中,无人机或其残骸都将落在地面上。根据使用的压制技术,这可能会产生许多不同的影响:被拦截的无人机,需要回收并隔离存放在那里;如果无人机配备了武器,则可能需要召集爆炸物处理小组对其进行评估,并在必要时令该装置失效[1];对待非武装无人机也必须同样谨慎,因为它们可能携带了生化物品;此外,即使无人机未配备武器,其锂离子电池也存在燃烧的风险。

一旦无人机被压制并被安全处理,反无人机系统操作员就必须与法律调查人员接洽,他们应遵循内部程序,以确保系统的完整性,不能危及无人机携带的有潜在价值的数据[1]。

6.3 压 制 工 具

参考文献[1]对现有的无人机压制工具进行了非常详细的分析。考虑到干扰系统(射频和全球卫星导航系统)在军事领域的历史背景和应用程度,我们可以看出,干扰是目前最常见的压制技术;有259个反无人机系统提供了某种形式的信号干扰作为标准功能。干扰是应用最广泛的,但并不是唯一可用的无人机压制手段。除干扰外,有31个系统具有欺骗能力,18个系统使用了激光,27个系统使用了捕捉网,还有8个系统采用了自杀式碰撞无人机[1]。在本章的其余部分,将对使用最广泛的众多压制技术进行介绍。

6.3.1 干扰

干扰的基本概念非常简单:首先了解用户通过哪个频率进行通信,然后在该频率上产生功率更高的噪声信号,显著降低信噪比,使得用户原有的通信中断。如果通信的频点未知或不断变化(例如跳频系统),则在整个带宽范围内生成高功率的干扰信号。虽然这种方法可能适用于极端的战场环境,但并不适用于民用领域的反无人机系统:

✓ 对全球卫星导航系统、控制和视频数据链路频率(主要工作在免许可证的ISM频段①、2.4 GHz和5.8 GHz)的持续干扰将影响在同一地区运行的其他合法设备的性能,可能会产生比无人机更高的安全风险。

✓ 持续性的宽带干扰将需要消耗大量功率,并可能对反无人机系统操作员的健康造成危害。

因此,反无人机系统中的干扰实现方式各有不同。利用探测传感器提供的数据可以缓解上述应用中所带来的缺点,应用流程如图6.2所示。

---

① 译者注:原文为 license-free SIM bands,SIM 应为 ISM 的笔误。

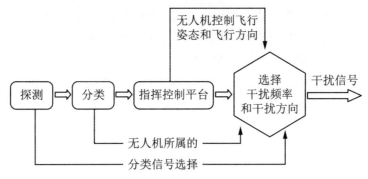

图6.2 反无人机干扰操作过程流程图

如图6.2所示,当检测到无人机并对其进行分类时反无人机干扰组件才被激活。然后,从射频检测传感器或反无人机系统的无人机库中提取相关信息,确定其数据链路及频率。

与此同时,指挥控制平台应提供无人机的位置和方位信息,以便在多个频段上实施干扰,并利用定向天线在短时间内将干扰集中到目标无人机上,将对合法使用该频段的其他用户的影响降至最低。图6.3所示为多通道干扰机的典型输出频谱。

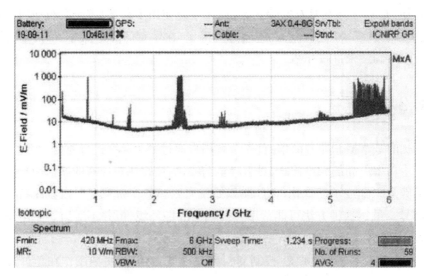

图6.3 多通道干扰机的典型输出频谱
（感谢匈牙利的FORTUNIO公司提供了本插图）

美国国土安全部的干扰机就是按上述方案运行的一个很好的例子,该干扰机最终集成在匈牙利FORTUNIO公司制造的射频探测系统中[2]。该干扰机可以作为独立模块使用来覆盖特定区域,或与其他干扰机组合应用,实现全频段的干扰覆盖。该干扰机的主要技术参数如表6.1所示。

表6.1　FORTUNIO射频干扰机的技术参数

参　数	取　　值
大小	221 mm×161.5 mm×30 mm
质量	≤1 kg
工作电压	直流12~24 V
耗电量	≤1.5 A
工作频带	2400~2483.5 MHz,5725~5875 MHz
输出功率(EIRP)	≤28 dBm(631 mW)
干扰类型	全频段干扰

干扰机由匈牙利无线电认证管理局进行评估,其结论是该系统符合欧盟2013/35/EU标准,并且"在距离设备20 cm以外,干扰机发出的射频辐射不会对健康造成不利影响。"[①]

芬兰赫尔辛基的Sensofusion公司也生产了一种与射频探测系统集成的干扰机[3]。该系统的射频检测传感器称为"空中围栏"(AIRFENCE),在第5章已经详细描述过,其操作流程如图6.2所示,主要技术特点如表6.2所示。

表6.2　"空中围栏"干扰机的主要技术参数

参　数	取　　值
频率范围	300~6000 MHz超宽带
天线类型	适用于全天候的全向天线;可用于固定和移动安装
质量	2000 g
尺寸	250 mm×65 mm(高×宽),北约安装标准
人员安全距离	距离全向天线1 m(3 ft)
无线电发射角	当使用全向天线时,从各个方向都是相同的
安全性	连接使用TLS加密;TLS证书由GPG额外签署

英国的"无人机防御"公司提供了多种干扰选择方案[4]。Paladyne E1000MP系列背负式无人机射频干扰机,采用便携式设计,是一个"永不过时"的系统,主要用于干扰大多数商用无人机的控制信号、视频数据链路以及全球卫星导航信号。一旦发现无人机,该系统将手动或自动激活,迫使无人机执行"返航"功能,或者令其着陆,或令其无威胁远离。系统使用的5个频段覆盖了像大疆DJI和3DR多翼机这样最流行的商用无人机所使用的频段;总输出功率超过100 W,其作用距离可达1 km;系统使用全向天线进行分布式干扰,使用窄波束定向天线进行定向干扰。

"空中围栏"干扰机使用多个低功率无线电发射机,这些发射机按预定方式放置在受保护的场地周围[4]。该系统采用完全可编程设计,可通过一套传感器或人工输入方式启动。它是一种射频干扰系统,可以干扰控制信号和全球卫星导航信号,

① 感谢FORTUNIO公司友情分享此信息。

并阻止无人机进入预先设置的保护区。该系统在全天候条件下经过验证,可根据操作要求进行水平方向或垂直方向配置。例如,一个理想部署的系统,辅以3~4个无人机防护小组在地面边界上巡逻,能够创建一个直径3 km的半球形安全区。

另一个典型的射频干扰系统是新加坡科技工程公司研制的"天空射手"反无人机系统中的无人机对抗系统[5]。该系统提供了多种效应器选项,以满足不同环境的不同要求,并根据图6.4中描述的流程进行工作。

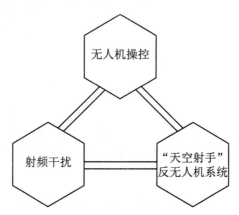

图6.4 "天空射手"的干扰流程

该系统的主要特征参数如表6.3所示。

表6.3 "天空射手"干扰机的主要技术参数

参　　数	取　　　　值
频率范围	频段1:2.4~2.5 GHz,频段2:5.725~5.85 GHz,频段3:1.559~1.61 GHz
作用距离	300 m;最大可达2 km(可选)
部署	单个效应器或效应器的组合
可编程性	频段可选
环境温度	0~40 ℃
存储温度	−10~70 ℃
湿度	不结露的条件下最大85%
质量	机械式数据枪重3 kg;背包含电池重11 kg
设计	符合人体工程学设计(左右手均可)

英国 Kirintec 公司研制的"天网"探测系统所使用的干扰方法也非常类似。他们将KT 950-186专利系统与Rinicom[7]的光学传感器进行了集成。令人印象深刻的是,该系统能够压制单架无人机和集群无人机,作用距离可达9 km。它既可固定部署,也可便携使用,其主要技术参数如表6.4所示[6]。

表6.4 "天网"系统的主要技术参数

参　数	取　　　值
频率范围	20 MHz～6 GHz
射频功率	最大80 W
适用温度	−20～+60 ℃
对GNSS干扰功能	有
质量	28 kg(不含电池)
防护等级	IP65(完全防尘,可以防止喷溅的水侵入)
电压	12～35 V
可编程能力	有
内置自检功能	有

当目标被探测到但被分类为无人机之前,干扰模块就将开启,如果分类的结果为"不是无人机",干扰系统将关闭;如果分类的结果为"是无人机",则保持干扰开启直到目标被有效压制。该系统还可以与射频探测传感器和雷达进行集成。

6.3.2　俄罗斯的干扰系统

俄罗斯一直拥有非常强大的电子干扰能力,特别是在军事应用方面,因此开发了许多先进的反无人机解决方案也就不足为奇了。然而,与民用反无人机系统相关的信息并不多,因为俄罗斯公开的大多数反无人机系统都用于军事方面。

"驱虫剂"系统是一种专为军事应用而设计的新型移动式反无人机作战系统,其可以压制和摧毁尺寸不超过几十厘米、质量不超过几千克的敌方小型无人机[8]。

"驱虫剂-1"系统由总部位于莫斯科的JSC电子战科技中心所属设计局研制。该系统能够在超过30 km的距离内自动探测并压制敌方无人机(尽管作用距离令人印象深刻,但不能识别无人机的大小),通过强大的干扰压制其控制传感器,或直接对无人机卫星导航系统进行干预来压制其控制传感器[8]。

该系统利用射频传感器可以全天候(包括北极的极端条件下)、远程探测敌方无人机的控制信号。该系统的设计指标为:在强风条件下,温度介于−45～+50 ℃时均可正常工作。

"驱虫剂-1"系统是可移动的,在战场上不仅可以保护行进中的军事目标,还可以保护军事基地和机场等静态目标。该系统通过卡车后部控制舱内的工作站进行操作,工作站旁边配有可折叠、伸缩天线杆,数据从该天线输入控制舱。天线杆的上部包含了系统的核心部分:射频探测和干扰设备以及一个全景摄像头。通过两个监视器,操作员可以观察当地的射频环境以及任何针对它的反干扰系统。"驱虫剂-1"系统还配备了控制舱生命支持系统,旨在保护人员免受小口径火力的伤害以及免受化学武器和生物武器的攻击。

另一种俄罗斯反无人机干扰系统是专门为解决中空长航时无人机和高空长航时无人机威胁而研制的。工作协议类似于图6.1中给出的流程,但仍有一定的差异。首先,该系统使用一套专门的探测传感器探测大型无人机。一旦无人机被发现并归类为敌方,系统将定向发射一个无人机拦截器至敌方的巡航区域,并开始干扰其数据链路。这样可以使用相对较小的功率,在更远的距离上对大型无人机进行压制,从而最大限度地减少对己方设施带来的潜在附带损害。

6.4 拦截者无人机

拦截者无人机作为对抗滋事无人机的压制工具越来越受欢迎。与传感器的情况类似,没有一个单一的解决方案适用于所有情况;因此,市场上出现了各种各样的拦截者无人机。"无人机防御"公司[4]的"航空陷阱"无人机捕获系统就是这样一个例子。该系统易于使用、成本低廉,为已经操作自己无人机的警察和安全部队提供了一定的无人机捕获能力。它使用了悬挂在拦截者无人机下方的有相当自重的拖绳(值得注意的是,虽然该公司声称它可以捕获任何无人机,但它只是专门针对大疆DJI的Mavic和M200系列无人机设计的)。

拦截者无人机飞越敌方无人机,希望将拖绳缠绕在无人机的螺旋桨上。一旦无人机被缠住,它就会失速并从空中坠落。这一过程会激活拦截者无人机系统中的磁释放功能,该功能反过来会快速(反应时间小于1 s)展开一个降落伞,使得敌方无人机因受较小的外力(低于2.6 kg的无人机低于69 J,折算后速度约为6.5 m/s)而缓慢下降,直到它被完整地捕获,为了进一步的法律调查还可以对其进行系统分析。

洛克希德·马丁公司发布了一种拦截者无人机的新实现方法,并取得了相关专利[9]。该专利使用的无人机具有可展开的捕获网装置,能够在飞行中对具有威胁性的无人机进行非破坏性拦截和缠绕。专为拦截纳米无人机和微型无人机而设计的捕获网机械装置,安装在一个更大的无人机上,包含一个展开后横截面可与待拦截和缠绕的威胁无人机相比拟的捕获网以及一个可安装在拦截器上的展开机构。展开机构包括一个充气式框架或充气杆,用于将网定位在展开位置。该系统被设计为一个捕获网任务包,可以替代安装在任何尺寸合适、动力充足的无人机上。

美国Fortem技术公司研制的"无人机猎手"系统提供了最先进、最高效的拦截者无人机解决方案[10],并通过了军方的相关测试。它提供了空域入侵检测功能,在指定空域自主巡逻并将发现的滋事无人机从空中拖走,从而实现空域保护。

"无人机猎手"还配备了该公司研制的TrueView型雷达[11],可在全天候条件下(包括烟雾、多云、雾和雾霾等)进行探测、分类和监控。该系统包括一个自主导航系统和一个开放式指挥控制平台,实现在一个安全的地理区域内探测、识别和拖曳敌对无人机的功能。它实时通知授权人员潜在的空中威胁,同时地面指挥中心提供监控和人工干预优先选项,以满足当时态势的需求。

系统使用专利保护的人工智能算法,自主操作。该系统使用捕网枪来捕捉目标,可以配置为单次或多次射击。对于速度更高的无人机目标,该系统会在其到达限制区或禁飞区之前自主拦截它们。一旦发现无人机并用网捕获到它,"无人机猎手"可以将其牵着返回,或将捕获的无人机扔至安全的专用区域。"无人机猎手"的关键参数如表6.5所示。

"无人机猎手"系统被认为是目前市场上较好的系统之一,北约也选择用它来实施恐怖主义防御计划。

表6.5 "无人机猎手"系统的主要技术参数

参　　数	取　　　　　值
机身	800 mm级高强度机身抗风雨结构
发动机	6个无刷高扭矩电机
速度	最高速达33 m/s(74 mi/h)
拖航能力	最大牵引质量25 kg(55 lb)
导航	使用Fortem研制的高级自动驾驶仪
通信链路	1.83 GHz 控制链路、遥测状态和FPV视频传送链路,不使用Wi-Fi频率
加密	AES-128加密链接,每个安装都有唯一密钥
双网发射器	惰性气体推进,以90 mi/h(约144.8 km/h)的速度发射出捕捉网,计算机优化的自主发射定时,搭锁式捕捉网装填机构便于重新加载,可选电子系绳释放,用于二次目标捕获
捕获范围	对于捕获大型入侵无人机,使用10.5 in(3.2 m)网,计算机优化的捕获范围在6 in(2 m)到25 in(8 m)之间
控制	人在回路手动/自动控制

6.5 激　　光

与干扰机类似,使用激光对无人机进行压制的技术已应用在军事领域,具有两大重要优势:

✔ 激光非常精确；

✔ 只要有足够的能源，激光几乎可以认为是无限供应弹药的。

激光武器系统已经可以在陆地、空中和海上工作，提供360°、根据任务需求距离可伸缩的覆盖区域。它们可以快速安装在各种固定和移动平台上，并且可以轻松地与上述反无人机技术进行集成。

"雅典娜"（先进测试高能武器，首字母缩写为ATHENA）系统就是最早专门为反无人机应用开发的激光系统之一，最初设计用于打击小型船只、火箭和迫击炮。"雅典娜"系统使用了一个30 kW的激光武器"阿拉丁"系统（激光演示初始加速版，首字母缩写为ALADIN）。为了获得所需的最大功率，该系统将三个10 kW光纤激光器的功率合成为一个30 kW的光束。如果需要，系统也可以在10~20 kW的功率下运行，但只有30 kW才能确保对无人机造成足够的损害，使之从空中坠落[12]。

最近，雷声公司发布了用于反无人机的高能激光武器，该武器具有以下特点[13]：

✔ 生存能力强；

✔ 有效的散热和热管理；

✔ 采用模块化、低维护设计；

✔ 全光谱光电/红外传感器信息自动排队；

✔ 高可靠性。

然而，现阶段可获得的信息非常有限，考虑到该产品的保密要求，这也是可以理解的。

6.6 电子欺骗

当第三方控制一架无人机并改变它的位置、速度和移动方向时，就认为该无人机受到电子欺骗而被捕获。在捕获后的控制期间，电子欺骗的实施者控制了无人机的真实状态，导致无人机直接变更其原有飞行计划，但并没有发出警报[14]。2011年12月5日，美国洛克希德·马丁公司的RQ-170"哨兵"无人机在伊朗卡西马尔市附近从事间谍侦察活动时失踪。伊朗国家电视台向公众展示了被俘的无人机，伊朗政府称该无人机被其网络战部队击落，该部队俘获了该无人机并将其安全着陆。该无人机在飞行时使用加密的军用GPS，这几乎是不可能被欺骗的；但伊朗电视台显示这架无人机基本完好无损，伊方如何得到这架无人机，真实情况目前仍然不得而知。不管怎样,这架无人机没有归还给美方,伊朗极有可能根据缴获的RQ-170制造了最新的无人机。

得克萨斯大学奥斯汀分校的一个研究小组在2012年展示了对民用无人机实施的第一个电子欺骗[15]。该团队使用的是美国执法机构广泛使用的"大黄蜂"微型无人机,该无人机的导航系统使用民用GPS(未加密)、高度表、磁力计以及惯性测量单元的信息[16]。当无人机在测试场地上方50 ft(约15 m)处盘旋时,半英里(约800 m)外山顶上的一个欺骗装置开启,向无人机发送类似GPS的信号,并将其与无人机GPS天线上的真实信号对齐。欺骗信号的功率逐渐增强,最终覆盖了原始GPS信号并控制了无人机。该小组设法引导无人机降低高度并安全着陆。这项实验的结果发表在文献[14]中,并在文献[17]中进行了解释,还讨论了隐蔽欺骗策略和公开欺骗策略。这项实验引起了人们对无人机安全性的高度关注,同时也刺激了一系列旨在开发民用和军用欺骗能力的活动。

有相当多的机构宣称他们在民用无人机上成功地以低成本实施了电子欺骗[18]。文献[19]介绍了一些有趣的实验结果,它不仅声称欺骗成功,还定义了实现此类欺骗的条件:

- ✓ 假设无人机的航路点已知,可用于实验和评估;
- ✓ 假设无人机上的GPS接收器已知;
- ✓ 假设飞行计划中预定义的参考轨迹已知。

尽管这些先决条件在实际的野外环境中并不总是可行的,但电子欺骗信号对自主无人机的影响已经通过一系列的实验结果得到了验证和评估[19-20]。

作者参加了几次演示,在受控实验室环境中展示了一定的欺骗能力,欺骗者事先都掌握了已知无人机的相关先验信息。然而,在撰写本书时,我们还找不到这样一个电子欺骗系统,可以在不需要目标无人机相关先验知识的前提下,在实际工作环境中顺利运行。

6.7 反无人机专用枪/炮

常规的枪炮,不在我们的考虑范围之内;除此之外,还有特殊的反无人机专用枪。然而,这些枪支的射程相对较短(只有几十米),通常被认为是最后的选择。

"无人机防御"公司开发的NetGun X1就是这种枪的一个典型代表[4]。这是一款简单易用、经济高效的主动威慑武器,可让执法人员捕获最大尺寸为15 m的无人机。该枪配有两种不同类型的捕捉网(网格网和蜘蛛网),允许用户根据实际情况进行选择。

✓ 网格网的有效范围可达 10 m,网面面积为 9 m²(3 m×3 m)。其展开时间为 1 秒,网的运动速度为 10 m/s。

✓ 蜘蛛网的有效射程可达 15 m,网面面积为 2 m²(直径为 1.5 m)。其展开时间为 1 秒,网的运动速度为 10 m/s。

英国 OpenWorks 工程公司研制的"天墙"(SkyWall)自动炮是这类武器的另一个代表[21]。它是一个可遥控操作的自主系统,通过准确抛出捕捉网,从而快速捕获多个目标。它通常与电子对抗力量一起部署以实现分层防御,或在无法使用电子攻击的环境中部署[21]。该系统可以作为一个独立的无人机捕获系统来使用,也可以与无人机探测和安全系统集成,以提供一个功能强大且易于操作的反无人机解决方案。一个"天墙"自动系统可以保护一个高价值目标,多个系统通过联网并部署可以保护更大型的目标。

"天墙"系统自主发现目标并进行跟踪后,自动向目标无人机发射捕捉网,其后台使用了受专利保护的人工智能技术。该系统可以永久安装在建筑物上,也可以安装在车辆上进行移动部署。该系统的上述特征可将附带损害的风险降至最低,并有助于保持无人机完好无损或损伤最小,从而保留了对无人机操控人员进行法律调查和司法鉴定的依据。

6.8 有 效 性

与无人机探测系统类似,任何压制技术都不能保证 100% 有效。在英国、美国和欧洲进行的一系列反无人机演练证实,无人机具有"相当大的抗损伤能力",并得出结论,大多数反无人机压制系统需要进一步研制[1]。更具体地说,每种压制技术都有其缺点,而几乎所有的无人机压制技术在某些情况下都会产生使用者不希望发生的结果:

✓ 如果无人机飞行时没有使用有源射频链路,也没有使用全球卫星导航系统,那么射频干扰系统就对其无效。此外,大多数射频干扰机的有效射程仅为几百米,需要无人机处于视线直达的范围内。在许多作战场景中,这是不够的,因为无人机接近到几百米的距离就意味着可能会产生严重的安全威胁。干扰机的作用距离更远,超出视线范围,威力也大得多;即使使用定向干扰,也会对合法使用的导航、通信、空中交通管理和生命支持系统构成高风险的干扰。

✓ 并非所有的动能系统都能非常有效地压制快速移动和/或处于不可预测航

迹的无人机。无人机遭受动能系统打击中断飞行后可能坠落到地面,造成不利影响。如果降落伞未能正确打开或拦截发生在低空,即使配备了降落伞,基于捕捉网的拦截系统也可能造成重大损害。在某些情况下,如果捕捉网未能有效命中无人机,那么对旁观者或其他合法设备来说就可能非常危险。

✓ 激光和高功率微波等远程武器可能对在目标无人机上方飞行的飞机构成严重威胁[1]。

因此,与探测传感器类似,当反无人机操作员拥有一整套可用的压制工具并选择最适合的特定场景时,最有效的压制就是通过分层的方法来实现。

6.9　合　法　性

在大部分西方国家,反无人机系统的使用受国家法律法规的监管,但多数情况下,反无人机系统的操作存在明显的模糊性。在撰写本书时,一些国内、国际性的监管政策和法律条文正在制定中,旨在为反无人机系统的合法运行定义明确的规则和边界。然而这需要涵盖各方面,涉及非常复杂的法律和监管挑战,也包含了方方面面的利害关系,这项工作短时间内可能无法完成。这有多种原因,但其中一个主要原因是,反无人机技术受制于许多部分重叠的法律,这些法律是在反无人机系统出现很久之前为应对其他挑战而制定的[1]。此外,由于空域监管机构最为活跃,不同机构正以不同的速度行动,而其他政府机构仍在讨论制定全面反无人机政策的根据,这些现状增加了这种模糊性。如上所述,在大多数西方国家,反无人机系统的使用要么是非法的,要么是合法性存疑的;并且它的使用是基于当局某些人的个人许可,而不是受法律框架的监管。

在英国,拦截、关闭或以任何方式对抗无人机都被视为违反《航空安全法》和《刑事损害法》的规定。相应地,干扰无人机可能被视为违反2006版《无线电信法》,该法旨在“整合有关无线电信技术”。此外,干扰还违反了电磁兼容性法规。更复杂的是,基于激光的无人机压制系统很可能会违反2016年颁布的《空中导航制度》。

类似地,在美国甚至存在更复杂的情况,例如《窃听法案》禁止截获电子通信。这意味着,不仅所有无人机干扰系统都违反了该法案,而且即使是仅使用射频探测系统也可能违反该法律,因为它从无人机的通信链路中获取信息进行探测和跟踪[22],而欺骗系统则可能违反《联邦反电脑欺诈与滥用法案》[23]。目前,无人机被归类为飞机,所有无人机压制技术也违反了《美国飞机破坏法案》,该法案对在美国领空内对任何飞机进行纵火、破坏、摧毁、使飞机丧失能力或严重损毁的行为处以重罚甚至监禁[24]。

目前美国已经找到了使用反无人机系统的折中方案,就是对国防部、能源部、司法部和国土安全局进行特别授权以平息无人机所带来的威胁[25]。但将这一授权扩大到其他联邦机构和地区机构目前仍有争议,尚未提供实施时间表。

某些常见的探测系统也可能并不总是合法的[26]。美国联邦航空管理局在2019年5月表示:"无法确认某些无人机探测系统的合法性。"例如,根据联邦航空管理局的说法,某些类型的雷达可能需要"要求联邦通信委员会或美国国家电信和信息管理局授权和机构间协调",在美国任何机场使用任何类型的探测系统都可能涉及美国法典的多个部分和美国联邦航空管理局的多个命令[27]。

在欧洲,收集个体识别信息的反无人机系统传感器可能涉及《通用数据保护条例》[28]。为了解决这些以及其他问题,欧盟委员会通过"地平线2020研究与创新计划"[30]启动了"阿拉丁"项目。该项目的目标是评估相关的反无人机技术、威胁趋势、法规和其他社会、道德和法律问题,以提高执法机构在防范滋事无人机威胁的能力。在文献[30-33]中公开的一系列可交付成果中,对欧洲反无人机系统的法律影响进行了分析。

参 考 文 献

[1] MICHEL A H. Counter-drones systems[EB/OL].(2019-12)[2020-01-01]. https://dronecenter. bard.edu/files/2019/ 12/CSD-CUAS-2nd-Edition-Web.pdf.

[2] Fortunio. Website[EB/OL].(2019)[2020-01-01]. http://fortunio.hu/.

[3] Sensofusion. Website[EB/OL].(2019)[2020-01-01]. https://www.sensofusion.com.

[4] Drone defence. Website[EB/OL].(2019)[2020-01-01]. https://www.dronedefence.co.uk/.

[5] ST Engineering. SkyArcher counter drone system[Z]. Singapore, 2014.

[6] Kirintec. Website[EB/OL].(2018)[2020-01-01]. https://www.kirintec.com/.

[7] Rinicom. Website[EB/OL].(2019)[2020-01-01]. https://rinicom.com/.

[8] Tiny spy drones no match for Russia's 'Repellent-1' mobile anti-drone complex. Sputnik International [EB/OL]. (2016-12-29) [2020-01-01]. https://sputniknews. com/military/ 201612291049110110-repellent-anti-drone-complex-development/.

[9] Lockheed Martin. Unmanned aerial vehicle (UAV) having a deployable net for capture of threat UAVs[P]. U.S. Patent No. 9896221, 2015-07.

[10] Fortem Technologies. The dronehunter[EB/OL].(2019)[2020-01-01]. https://fortemtech.com/

products/ dronehunter/.

[11] Trueview radar. fortem Technologies[EB/OL].(2019)[2020-01-01]. https://fortemtech. com/ products/trueview-radar/.

[12] KELLER J. Air force shows counter-UAV laser weapons based on fiber lasers that can defeat threat of drone swarms. Military & Aerospace Electronics[EB/OL].(2019-11-19)[2020-01-01]. https://www. militaryaerospace. com/unmanned/ article/14072287/laser-weapons-counteruav-fiber-lasers.

[13] Raytheon. Counter-UAS[EB/OL].(2019)[2020-01-01]. https://www.raytheon.com/capabilities/ products/counter-uas.

[14] KERNS A J, SHEPARD D P, BHATTI J A, et al. Unmanned aircraft capture and control Via GPS spoofing[J]. Journal of Field Robotics, 2014, 31(4):617-636.

[15] Researchers use spoofing to 'Hack' into a flying drone. BBC News[EB/OL].(2012-06-29) [2020-01-01]. https://www.bbc.co.uk/news/technology-18643134.

[16] UAVs vulnerable to civil GPS spoofing. Inside GNSS[EB/OL].(2012-06-16)[2020-01-01]. https://insidegnss. com/uavs-vulnerable-to-civil-gps-spoofing/.

[17] SPOOF[EB/OL].(2012)[2020-01-01]. https://www.youtube.com/watch?v=6qQXVUze8oE/.

[18] HUANG L,YANG Q. Low-cost GPS simulator - GPS spoofing[C]. SDR:DEFCON, 2015, 8:23.

[19] SEO S H, LEE B H, IM S H, et al. Effect of spoofing on unmanned aerial vehicle using counterfeited GPS signal[J]. Journal of Positioning Navigation and Timing, 2015, 4(2):57-65.

[20] GUO Y,WU M P,TANG K H,et al. Covert spoofing algorithm of UAV based on GPS/INS-integrated navigation[J]. IEEE Transactions on Vehicular Technology, 2019,68(7): 6557-6564.

[21] Skywall auto. OpenWorks Engineering[EB/OL].(2018)[2020-01-01]. https://openworksengi-neering.com/ skywall-auto/.

[22] U.S. Congress. National defense authorization act for fiscal year 2018, section 1602, 115th congress[EB/OL]. (2018)[2020-01-01]. https://fas.org/sgp/news/2017/06/dod-uas.pdf.

[23] Computer fraud and abuse Act (CFAA). Internet Law Treatise[EB/OL].(2009)[2020-01-01]. https://ilt.eff. org/Computer_Fraud_and_Abuse_Act_(CFAA).html.

[24] U. S. Congress. S.2623-aircraft sabotage act, 98th congress[EB/OL]. (1984)[2020-01-01]. https://www.congress. gov/bill/98th-congress/senate-bill/2623.

[25] Blue Ribbon Task Force on UAS Mitigation at Airports Final Report. Blue ribbon task force on UAS Mitigation at Airports[EB/OL]. (2019-10) [2020-01-01]. https://uas-mitigationatairports.org/wp-content/uploads/2019/10/ BRTF-Report2019.pdf.

[26] DERMODY J R. JOHN R. DERMODY P E. Director, office of airport safety and stan-dards. U.S. Federal aviation administration[EB/OL].(2018-07-19)[2020-01-01]. https://www. faa.gov/airports/airport_safety/ media/Updated-Information-counter-uas-airport-sponsor-letter-

july-2018.pdf.

[27]　DERMODY J R, JOHN R, DERMODY P E. Director, office of airport safety and standards. U.S. Federal Aviation Administration[EB/OL].(2019-05-07)[2020-01-01]. https://www. faa.gov/airports/airport_safety/media/ Updated-Information-UAS-Detection-Countermeasures-Technology-Airports-20190507.pdf.

[28]　SARMA D, QUINN P. D3.1-data protection, social, ethical and legal frameworks: Advanced hoListic adverse drone detection, identification neutralisation program. Diginext[EB/OL]. (2018-02) [2020-01-01]. http://aladdin2020. eu/wp-content/uploads/2018/04/ALADDIN_D3.1_ DataProtectionSoEL_Framework_V1_0_PU.pdf.

[29]　ALADDIN. Project[EB/OL].(2017)[2020-01-01]. https://aladdin2020.eu/project/.

[30]　ALADDIN. D3.1-data protection, social, ethical and legal frameworks[Z].(2017).

[31]　ALADDIN. D3.1-data protection, social, ethical and legal frameworks[Z].(2018).

[32]　ALADDIN. D3.1-data protection, social, ethical and legal frameworks[Z].(2019).

[33]　RUPPRECHT J. Big problems with counter drone technology (anti drone guns, drone jammers, etc.). Rupprecht Law, P. A. [EB/OL]. (2018) [2020-01-01]. https://jrupprechtlaw. com/ drone-jammer-gun-defender-legal-problems.

第7章 反无人机系统的标准化和监管行动

目前,还没有关于反无人机系统设计和使用的通行国际标准。目前市场上可供使用的各种反无人机产品相对较新,许多产品,包括本书中提到的产品,尚未成熟。迄今为止,滋事无人机对军事和航空业造成的安全威胁最大。因此,毫不奇怪,军方和航空业率先启动了相关的标准化行动,旨在使现有的解决方案协调一致,并为不同的场景开发最合适的反无人机系统。

7.1 北约和欧洲防务局进行的反无人机标准化工作

北约和欧洲防务局很早就认识到来自滋事无人机的威胁,并发起了一系列活动以加强对无人机的监管并试图降低这些威胁。这两个组织虽然性质不同,但就发生国家间的军事冲突而言,它们都有助于发挥空中优势,还制定了各自的优先计划。本章将简要介绍这些计划。

欧洲防务局已经制定了针对滋事无人机的反介入和区域拒止(A2AD)策略[1]。该计划强调欧盟武装力量针对小型无人机威胁,制定最低级别的保护是一项重大的短期挑战,并对未来的工作建议如下:

➢ 在国家反无人机能力和计划的层面加强协调和信息交换;

➢ 重要的是,制定反无人机能力标准。

对于中期活动,欧洲防务局简要陈述了关于系统部署的挑战,即对部署于欧洲的武装力量进行高级别的保护,以抵御小型无人机的威胁,并对未来的工作建议如下:

➢ 为现已实施反无人机计划的几个成员国建立用户群;

➢ 根据一致的需求,联合开发欧洲反无人机系统。

长期的挑战是不断调整各成员国的反无人机能力:一是要适应小型无人机快速变化的能力;二是要及时应对小型无人机可能的恶意使用,其在使用时更加依赖

---

① 感谢欧洲防务局的 Dion Polman 在执行反无人机行动期间提供的深刻见解。

于电磁频谱。欧洲防务局还建议,为了应对这一挑战,各成员国应协调相关技术的开发,以应对小型无人机对武装力量不断演化的威胁。

在简要陈述这些挑战时,欧洲防务局高度赞赏在欧洲国防工业发展计划中增加一个专门针对反无人机系统的类别[2]。然而,欧洲防务局还强调,所有未来的反无人机系统必须具有军民两用的能力,对其他系统(包括其他防御系统、移动电话甚至心脏起搏器等)产生的不利影响需最小化。

目前,北约标准化委员会正在规划其反无人机标准化行动,主要集中在操作和技术两个方面。

作战范畴内的行动将侧重于条令所定义的内容以及开发反无人机作战概念,为盟军和其他相关行动之间的互操作性提供建议。

技术范畴内的活动可划分为若干并行的活动和相关联的活动,例如:

➢ 建立一个向行业开放的北约反无人机标准化小组来选择或创建适当的标准;

➢ 在北约通信信息局的协调下,通过技术互操作性演习,证明符合这些标准。最终目标是2021年在实验室环境中进行一个为期2周的演习,在多个场景中测试系统的数据共享和互操作性。

标准化小组最初将重点关注以下3个领域:

➢ 体系结构:众所周知,分布式架构将是反无人机综合解决方案的终极方案;在这种情况下,应特别关注传感器的数据融合以及资源管理。

➢ 反无人机系统内部接口:包括标准接口控制文档所定义的传感器、命令和控制以及效应器之间的交互。

➢ 反无人机系统与其他系统的集成:包括标准接口控制文档所定义的,与网状体系结构中的其他反无人机系统以及其他系统(如陆基防空系统)之间的交互。

7.2 欧洲民航电子组织和航空无线电技术委员会的标准化工作

在航空领域,航空导航服务供应商负责指定空域安全、可靠和高效的管理,其中包括[3]:

➢ 防止飞机发生碰撞;

➢ 为安全高效飞行提供建议;

➢ 指挥并维持有序的空中流量;

➢ 通知相关组织进行搜索和救援行动,提供必要协助。

Romek 在文献[3]、Lele 和 Mishra 在文献[4]中均强调,民用空域的无人机活动可能会导致安保和安全两方面的威胁。具体地说,无人机对机场基础设施的非法干扰被视为安保威胁,而无人机对着陆和起飞区域空中交通的威胁被视为安全威胁。

从操作性角度看,该分类非常重要,对于那些执行保护民用空域任务的反无人机系统来说,这些分类应纳入它们的标准操作规程中。

在文献[3]中,作者建议将距离跑道末端 3 mi(约 4.8 km)以内的区域定义为关键区域,需要安装反无人机系统进行保护。选择 3 mi 范围的原因如下:

> 在此区域内,飞机的飞行速度最慢;
> 在此区域内,飞机飞行高度很低,许多商用无人机都能到达这一高度;
> 在此区域内,飞机的机动性有限;
> 在此区域内,飞机每次接近跑道时总是在同一位置,这样更容易被攻击。

因此,考虑到航空导航服务供应商的角色和责任,Romek 在文献[3]中还建议航空导航服务供应商需承担以下额外责任:

> 检查现有反无人机系统的技术规格并提供建议,确保与现有老旧的通信、导航和监视系统兼容;
> 当探测到无人机时,与反无人机系统操作员一起制定和实施程序。

无人机对航空业的威胁日益增大,发生了几起备受世人瞩目的案件。滋事无人机对世界上最大的机场造成了重大的经济损失,机场的声誉也遭到严重损害。鉴于此,航空业发起了标准化行动,以确保普通航空业,尤其是机场,做好应对无人机造成的安全威胁和安保威胁的准备。为了有效应对航空业面临的反无人机挑战,国际航空业务协会强调了采取统一规范方法的重要性。文献[5]介绍,除了安全和安保威胁外,在民用空域飞行的滋事无人机还会造成大量经济损失。例如,2019 年 5 月 9 日,一架无人机出现在法兰克福机场附近,导致 135 个航班取消,42 个航班改变航程,许多航班延误,估计造成的损失达每分钟 1000 欧元。2018 年 12 月在盖特威克机场发现无人机导致 1000 多个航班取消,导致累计损失约为 6400 万欧元。

当谈到由无人机产生的安保威胁时,文献[5]强调,根据规定,机场安保是机场管理人员、机场所有者或者国家当局的任务,而不是航空导航服务供应商的任务。因此,这些利益相关方必须拥有专门针对这些任务定制的法律工具、技术工具和金融工具。同时强调,反无人机系统主要用于保护军事和关键基础设施场所(海军基地、核电站、政府大楼等),但它也可用于机场,前提是它们得与现有老旧的系统兼容。文献[5]明确指出,非常重要的是,机场不允许使用射频干扰和开火击落等对抗措施。为了解决这个问题,文献[5]建议在主要的航空标准化机构(诸如欧洲民航电子组织)和航空无线电技术委员会之间开展联合标准化行动。

2019年1月,美国航空无线电技术委员会应美国政府机构的要求,成立一个旨在制定反无人机相关标准的委员会,重点制定无人机探测的相关标准。航空无线电技术委员会马上开始与各成员以及美国政府进行协商,并于2019年6月会见了各利益相关方,确定了新标准的范围和时间表。

2019年12月,航空无线电技术委员会证实,已经成立了反无人机系统专门委员会,简称为SC-238,并向所有利益相关方发出了参与呼吁。尽管在当时新冠病毒肺炎疫情的背景下,SC-238仍召开了许多工作会议,形成的相关草案已发送给航空无线电技术委员会成员以征求意见。欲了解更多详情,读者可访问航空无线电技术委员会网站[6]。

与此同时,航空无线电技术委员会与欧洲民航电子组织进行合作,旨在协调美国和欧洲的标准化活动。双方都强调在民用和军用空域发现未经授权的无人机的频率越来越高,多次造成机场运营中断,带来重大经济损失。这对航空运输系统、机场周围空域以及需要保护的任何类型空域的安全和安保工作都带来了负面影响。双方达成共识,认为标准化的反无人机系统应提供以下功能:

➢ 尽早发现并报告任何未经授权的无人机活动;

➢ 根据国家法规,对无人机进行压制或使无人机部件失效。

因此,在2019年11月成立了欧洲民航电子组织/航空无线电技术委员会联合标准化委员会,名为115工作组(WG-115)。其目的是制定标准,以支持在机场和航空导航服务供应商系统中,安全协调地应用反无人机系统。

WG-115的关注范围仅限于监视、(系统间的)交互性以及与反无人机领域相关利益方的接口,涵盖了空中导航服务供应商、机场、无人机空域服务供应商、监控系统制造商、执法机构和操控人员等。更具体地说,WG-115侧重于机场周围的探测和监视能力,但反无人机系统应能够扩展到其他环境(如城市地区)中的行动。图7.1给出了符合标准的反无人机系统推荐配置。

WG-115活动关注的范围不包括"协作式目标探测"主题,但在整体系统评估中将包括各协作传感器之间的信息交互。此外,还将讨论在机场和航空导航服务系统中各种压制能力的互操作性。

2019年12月,WG-115的启动会议在巴黎举行,与会者一致认为,下一步行动将重点围绕以下领域展开:

➢ 定义反无人机措施的要求规范,包括具体的操作程序和技术解决方案,需满足与现有基础设施互操作和兼容的要求;

➢ 澄清关于无人机实际压制范围的困惑,全面描述所面临的挑战,对需发展的对抗措施给出详细的规格说明;

➢ 鼓励当局和对策制定者之间进行密切对话,(使得标准能)满足最终用户的性能要求;

➢ 跨行业、跨地域(大洲)进行实践和经验交流,涵盖立法、标准制定、不同解决方案的测试以及操作规程或操作实践等领域。

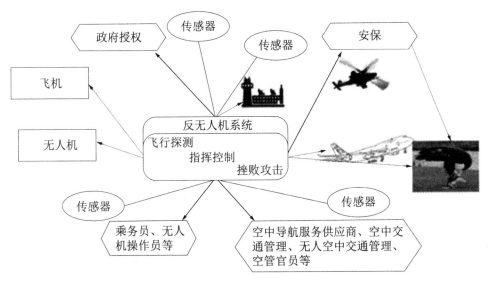

图7.1 欧洲民航电子组织WG-115建议的反无人机配置标准

欧洲民航电子组织WG-115发布了运营服务和运营环境定义文件,该文件为评估和确定集成在机场和航空导航服务系统中的反无人机系统的操作、性能和互操作性要求提供了依据。WG-115的关注范围仅限于监视、交互性以及与反无人机领域相关利益方的接口,重点是机场周围的探测和监视能力,还考虑挫败能力与机场和航空导航服务系统的交互性。WG-115计划在本书出版后编制标准初稿,因此感兴趣的读者可访问欧洲民航电子组织网站了解更多细节[7]。

7.3 结　　论

在本章中,我们描述了反无人机系统面临的各种挑战,指出想要有效解决反无人机问题需要复杂的方法,涉及反无人机技术以及安全性、实用性、政策性和合法性等方面。我们对单一传感器解决方案并不能够很好适应所有的情况进行了说明,并强调每种探测传感器都有其缺点。例如:

➢ 雷达很难探测到纳米无人机、微型无人机和微型飞行器,当目标低空飞行

时更是如此;

➤ 光电/红外传感器在低能见度的恶劣天气和非视距情况下难以有效工作;

➤ 射频探测传感器在电磁环境复杂的城市中或当无人机以自动模式飞行时无法有效工作;

➤ 声学传感器的探测范围有限,还需要大量的预设安装,而随着消音无人机进入市场,它们的效率会降低。

表7.1详细总结了本章所介绍的各类型传感器的优缺点,并图示说明了集成方法的优点。

表7.1 各类型传感器的优缺点

应用/传感器	雷达	光电/红外	射频探测	声学探测	集成系统
探测	👍	👍	👍	👍	👍
跟踪定位	👍	👍	👍	👎	👍
目标识别	👎	👍	👎	👎	👍
作用距离	👍	👎	👍	👍	👍
自主识别目标	👍	👍	👎	👎	👍
可以应对悬停目标	👎	👍	👍	👍	👍
环境及频谱适应性	👍	👎	👎	👎	👍
需要专门的操作员	👎	👍	👎	👎	👍

我们强调,为了确保系统高效运行,已开发的反无人机系统必须涵盖各种无人机,可以自动模式运行,且漏报率和误报率低。只有结合先进的人工智能和机器学习算法,才能实现这一目标,同时可以大幅降低反无人机系统的运营成本。

我们还指出,在某些情况下,几乎所有的无人机压制技术都可能带来危险或其本身是非法的;因此,选择最优对抗措施,不仅要考虑各种因素的影响,如潜在的附带损害、法律因素或不采取任何压制措施的后果等,还必须快速进行决策。

与探测系统一样,所有的拦截系统都不是100%有效的,所有的压制系统都有特定的缺点[8]:

➤ 射频干扰系统对没有使用射频链路的无人机没有效果。

➤ 许多信号干扰机的有效作用距离有限,只有几百米,这意味着系统必须非常接近入侵的无人机才能成功化解危机;如果无法视线直瞄无人机,系统也无法有效工作。能够在远程和视线之外工作的干扰机必须具有更大的威力,但这也会对正常通信造成更高的干扰风险。

➢ 所有动能系统对付快速运动或以不可预测模式运动的无人机都很困难(当它们确实按预期工作时,它们可能会摧毁无人机的某些部件,而这些部件在需要进行司法调查取证时非常重要)。

➢ 想有效使用电子欺骗系统,需要具备目标无人机相关细节的先验知识,在技术上也很难实现。因此,电子欺骗系统可能不会对所有类型的无人机都有效。例如,具有加密导航链路或加密通信链路的无人机可以抵抗电子欺骗攻击。

参 考 文 献

[1] PULLMAN D. European defence agency[C]//Drone Intrusion and Surveillance Conference. Brussels, 2019.

[2] European Commission. 2019 Calls for proposal: European defence industrial development programme (EDIDP) [EB/OL]. (2019-03-19) [2020-01-01]. https://ec. europa. eu/growth/content/2019-calls-proposals-european-defence-industrial-development-programme-edidp_en.

[3] ROMEK C. Airport airspace protection[C]//Drone Intrusion and Surveillance Conference. Brussels, 2019.

[4] LELE A, MISHRA A. Aerial terrorism and the threat from unmanned aerial vehicles[J]. Journal of Defence Studies, 2009, 3(3):54-65.

[5] MOHR M. The unique challenges of countering drones at airports: To protect our passengers, crew and aircraft and how it will be financed? [C]// Drone Intrusion and Surveillance Conference. Brussels, 2019.

[6] RTCA. Website[EB/OL]. (2019) [2020-01-01]. https://www.rtca.org/.

[7] EUROCAE. Website[EB/OL]. (2019) [2020-01-01]. https://eurocae.net/.

[8] MICHEL A H. Counter-drones systems[EB/OL]. (2019-12) [2020-01-01]. https://dronecenter. bard.edu/files/2019/ 12/CSD-CUAS-2nd-Edition-Web.pdf.

第8章 应对滋事无人机威胁的战略性方法

8.1 引 言

无人机投入商业应用已经数十年了,但远程遥控操作飞机所特有的挑战,使得之前除了专业的军方操作员和技术娴熟的航模操控人员之外,此类系统的用户相对较少。如今,关键技术的进步意味着遥控飞机变得更容易获得,性能更高,也更容易使用[1]。无人机商业用途的激增为航空业创造了一个全新的、创新的、令人兴奋的新领域,为航空业带来无限可能;也不可避免地会带来一些新的风险。粗心大意和考虑不周的无人机使用者可能会造成一些麻烦,并对他人构成安全风险。无知不是借口,对无人机的鲁莽使用引发了人们对民众隐私和公共安全的担忧。还有一些人会更刻意地使用无人机进行犯罪活动,包括推动有组织犯罪、破坏国家基础设施和实施恐怖主义行为等。涉及恶意使用无人机的一系列重大事件突出表明,应对敌对无人机威胁确实是一项真正的挑战。世界各国政府都在寻求各种方法以降低此类事件发生的可能性,并在引发进一步事态时增强应对能力。

显然,防止滋事无人机入侵和恶意攻击所带来的挑战远非任何一个政府部门能独自承担的。国际社会有一个明确的共识,在技术上没有一种适用于各种条件的、对各种无人机均有效的致命武器,随着无人机技术的进步,其所带来的威胁性质也将发生变化[1]。应对恶意使用无人机的问题需要政府采取全面、分层次的战略性方法,并在全国各地及国家机构中实施。这种战略性方法必须融合技术创新、立法、监管和教育等不同方面。开发反无人机解决方案不能仅局限于一个国家;这是一种全球化的现象,需要进行更多合作,包括分享知识、专业技能和最佳实践。这也是一个仅靠当局自身无法解决的问题;私营行业中的风险部门现在必须越来越多地考虑其面对恶意无人机使用时所表现出的脆弱性,以及它们应该如何采取最优措施,安全、合法地化解这些威胁。技术对抗措施将需要紧跟无人机的发展,并在管理其使用的法律和监管框架内进行。

一些政府已经认识到现代无人机的威胁程度,逐步全面了解恶意和非法使用无人机所带来的不断演变的风险。这种认识现在正在转变为政府积极的行动,采取各种手段对无人机进行探测和阻止,破坏无人机的滥用,这也使人们认识到需要与行业建立强有力的关系,以确保其产品和服务符合最高的安全标准。

正如新型冠状病毒肺炎在全球流行期间所展示的那样,各国政府通过授权警察和其他执法人员,允许他们使用反无人机,并进行了配套立法,从而保障了执法的顺利实施。吸取了疫情大流行期间警察使用无人机的经验教训,我们更加需要进行公开对话,议题包括警察和更广泛的无人机使用。通过对话,希望能解决有关隐私和监视的问题,这些事关民众的基本权利。政府还需要在以下两者之间取得平衡:一方面是确保坚定的安保立场能使民众安居乐业,经济安全运行,同时使其认识到合法使用无人机的好处;另一方面是允许他们自己获得将无人机技术融入社会所带来的最大回报,这个社会也正在接受这些急剧的变化。因此,本章将重点讨论所面临的这些挑战,以确保社会能够接纳无人机使用日益增长的态势。也将对建立有效的反无人机战略和实践指引这个重点关切进行检查,以确保反无人机政策、实践和程序的成功实施。最后,本章将在国际层面探讨无人机监管、立法和执法等问题以及反无人机领域内的相关需求,涵盖了培训、扩展研究、创新和开发等方面。

8.2　社会接受度

无人机使用能否持续激增取决于社会对这种颠覆性技术的接受程度。尽管无人机正在并将持续为公共和私营部门带来大量积极效益,但预计全球无人机市场指数级增长的行业预测并不可靠。数千架嗡嗡作响的无人机运送包裹,会让我们的小镇、城市和社区的天空变得黯淡无光,还增加了国家实施监控的难度,这一点将来还要说服所有公民、社区团体和民权支持者,让他们相信这完全是一个好主意。政府的决策者和无人机行业的专业人士绝不能低估一些市民在其住所附近或上方看到无人机时产生的隐私被彻底侵犯的感受。2015年7月,47岁的威廉·梅里代斯外出到他在美国肯塔基州路易斯维尔市南部的布利特县的乡下家中调查时,他的孩子们报告说,他们在后院玩耍时看到了一架无人机[2]。当这架无人机掉头飞至他的房产时,梅里代斯承认用霰弹枪向空中射击,将这架价值2500美元、配备摄像头的机器击落[2]。被击落的无人机属于他的邻居,后者向警方提出投诉,导致梅里代斯被捕并被指控重罪。梅里代斯被媒体称为"无人机杀手",但他否认了此项指控,并坚称他有权保护自己的财产[3]。梅里代斯说[2]:"我无法知道它是不是一个正盯着我孩子的捕食者。我完全有正当理由保护我的家人。"2015年10月,法官丽贝卡·沃德在审查了法庭证词后,裁定梅里代斯保护其家庭和财产的行为是合法的,并说[3]:"这架无人机在这家人的住所上空盘旋了两三次,我认为这些证词可信,这侵犯了他们的隐私,他们有权击落这架无人机。我将驳回这项指控。"

"无人机杀手"案突显了围绕在私人住宅附近无人机使用的法律领域并不令人满意,并提供了一个事例,说明民众将采取行动来保护自己的隐私,使其免受他们认为的滋事无人机入侵,以保护自己最基本的人权不被侵犯。

2016年,英国交通部和国防部委托开展研究,就英国无人机的使用展开公开对话。它探讨了公众对无人机的理解、对当前无人机使用的态度以及公众对未来使用的期待、愿景和忧虑等。专家和相关人士,包括无人机操作员、航空部门和学者在内,也参与了对话,聆听并支持这场广泛的讨论。研究结果提供了丰富的循证数据来源,提供的信息为未来无人机的使用框架奠定了基础。在对话开始时,参与者总体上对无人机的认识和了解都很少,他们知道的主要类型就是军用无人机和街头玩具。他们通常对商业应用知之甚少,对无人机高级协会的认识有些负面,连带着对隐私和监控、安全和滥用等表示忧虑,对未知充满恐惧[4]。不同的态度形成了不同的无人机潜在用户群体。普通群众被视为风险最高的群体,在操作无人机时最有可能造成事故,引发意外事件,因为他们法规意识低、缺乏相关培训,并且接触无人机的机会越来越多。参与者尤其关注儿童和青少年,因为他们不太可能阅读说明,使用无人机时更可能是冒险蛮干导致发生危险。到对话结束时,形成了相对一致的4项公共优先关注事项[4],如表8.1所示。

表8.1 英国关于无人机使用的公共优先关注事项

公众优先关注的事项	公 众 的 担 忧
匿名性和可追溯性	参与者担心,如果遇到无人机事件或发生负面事件,目前很难确定无人机的使用者。参与者还担心不知道某次飞行的目的以及收集的数据将如何使用。这引发了人们对事故责任认定和法规执行的担忧
操作员的安全使用	参与者担心无人机坠毁或从高空坠落造成的伤害,强调事实上驾驶无人机的难度大,普通用户不太可能接受过培训
材料质量	参与者表达了对安全的担忧,其部分原因往往是担心低于安全标准的可能性;特别地,参与者担心材料的质量是否足以避免可预防的伤害或事故(例如,与廉价、较小的进口无人机、爱好者自己制作的机器有关以及可能出现的结果,无人机的安全机制过时了,或电池寿命等整体品质方面过时的可能性)
滥用无人机	参与者从对话开始就特别关注黑客、恐怖主义、跟踪和监视;与会者普遍承认,许多形式的技术都可能被滥用,这些不一定是无人机特有的问题

这项研究的结果在很大程度上反映了政府当局和学术界进行的类似咨询和研究的广泛结果。英国这项研究的公众参与者提出了4个带有普遍性的策略[4]，可以在各个领域使用，以化解公众的担忧，具体内容详见表8.2。

表8.2 英国关于无人机使用的公共优先关注事项的对策

注册登记	参与者认为，这将是解决众多问题的关键起点，尤其是匿名问题，并使用户在出现问题时能够被追踪、追究责任。注册行为本身也被视为鼓励更负责任的行为。然而，参与者们承认，仅是单一的注册行为可能并不能让某个人立即识别出当前的用户，也无法让专家们找到解决方案。对话过程也为参与者提供了考虑这一想法的可行性的空间；尽管存在很多潜在的阻碍，但他们认为这是一个重要的努力领域
强制性培训	与会者建议，强制性培训，尤其是对普通公众用户的培训，如果能使得用户更了解法规和如何安全使用设备，可成为降低事故发生可能性的潜在途径。与会者提出了对普通公众用户的最低要求，如注册时的在线培训。他们期望，职业无人机操作员或所有使用更重、更复杂无人机的人都需要进行更多数量的培训
技术解决方案	与会者称，技术是解决安全问题的一种方式，尤其是公众安全和机场附近的安全问题。这些措施包括执行最低安全标准，其中包括无人机内置的安全功能，尤其是螺旋桨的叶片盖和地理围栏功能
教育	教育和增加了解是许多参与者提出的共同策略，目的是通过让用户更加了解法规来解决不安全使用问题。这还可以让广大公众了解无人机及其能力，知道何时和如何报告意外事件，从而打消他们的疑虑

因为意识到无人机产业的发展步伐很快，英国这项研究的参与者最终希望能更多地管理公众对无人机技术的使用，相信这将是减少风险的重要的第一步，同时也是未来适用的无人机政策。然而，2020年全球新冠病毒大流行，突然爆发的数量、规模和范围，将社会对无人机的接受程度推到了最前沿，考验了政府在保障公众安全和保护民众隐私、公民自由和基本人权之间微妙的平衡能力。为了加强应急力量以应对公众的聚集，保持社交距离的宵禁和检疫隔离制度，世界各地的警察使用了特殊改进的无人机来防止新冠病毒感染的增加。在学习了其他地区关于公共封控管理的经验之后，警方决定根据需要酌情使用无人机来辅助执行这些任务。在2020年3月英国开始实施公共封控措施时，北安普敦郡警察局长尼克·阿德雷说，他计划将警队的无人机数量从2架增加到8架，这是向公众传递信息的经济高效的方式[5]。无人机配备了扬声器，以便向公众发送信息，提供健康警告更新，协助执行新的紧急政策[5]。继中国、西班牙、比利时和法国之后，英国考虑使用警用无人机用于防止新冠病毒在英国的传播。为了监控封控区居民的运动轨迹，意大利警方使用了传统的警用闭路电视、路障、检查站并加大了巡逻密度，但仍疲于应付。

在向意大利民航局提交了相关申请后,警方已获批准使用无人机来执行此项任务[6]。

美国加利福尼亚州丘拉维斯塔警察局还将配备摄像头和扬声器的无人机用于监视因新冠疫情的停业,为此他们将机队的规模翻倍,同时配备了新规格的夜视摄像头[7]。美国无人机初创公司 Impossible Aerospace 总裁 Spencer Gore 介绍道,他为了给美国执法机构提供更多的专用无人机而积极地工作着。

然而,在新冠病毒肺炎疫情危机中,并不是所有美国居民都乐于看到警察使用无人机的增加,这被看作是一个不受欢迎的引进,妨碍了他们的自由。这也是世界上许多民众共同的观点。在康涅狄格州韦斯特波特的郊区小镇,居民们对可能被侵犯隐私提出了担忧,因为公众和媒体观察到警方的监控无人机对不遵守 6 ft(约合 1.5 m)社交距离指南的人大喊大叫[8]。康涅狄格州美国公民自由联盟是一个无党派、非营利的会员组织,它旨在捍卫、促进和维护公民个人权利和自由。它认为警方的行动是侵犯隐私的公司利用新冠病毒的流行为其监视产品打开市场的一个途径[9]。然而,该市警察局表示,无人机不会飞越私人庭院,也不会使用面部识别技术[8]。韦斯特波特第一行政委员吉姆·马普赞扬警察局在抗击病毒传播方面采取了灵活的解决方案。他说,监视无人机的使用是一个试点项目,其旨在减少新冠病毒的感染人数,使城市恢复正常,但同时他也对许多市民不分原因反对使用监视无人机表示失望[8]。公众的关注和向当局提出的投诉导致警方暂停使用无人机,直到他们对无人机对隐私的影响进行了全面评估[8]。很清楚为什么韦斯特波特、康涅狄格和世界其他地区的警察会选择利用无人机来执行新冠病毒流行期间的紧急措施,因为无人机为巡查提供了一种新的策略。它们廉价且容易获得、操作使用简单安全,警察可以通过远程操控维持公众集会的治安,而自身被感染的风险几乎没有。

警方使用无人机执行紧急职责是在新冠病毒大流行期间保护公众的另一项前所未有的新措施。尽管被鼓励保持社交距离以防止和延缓病毒的传播,但有很多人自负满满、头脑简单和不负责任,再加上人类去外面冒险的欲望,迫使许多政府采取极端、严厉但必要的措施来保障民众的安全,这些措施也考虑了他们收到的最佳医疗建议。然而,一些高级警官认识到,这些严厉措施的执行方式有可能改变民众、社区和警察之间的微妙关系,并影响他们对未来无人机使用的接受度。警察在新冠病毒大流行期间使用无人机执行紧急职责,也引起了民权组织的担忧。他们警告说,在这次危机事件中,政治风险高涨,立法者的担心被视为冷漠,他们往往在没有充分讨论的情况下就给予行政部门更广泛的权力,这导致原本是临时性的新特别条款,在后来都转变为永久性的条款了。在新冠病毒全球流行期间,警察使用无人机成为大家关注的焦点,在社会上无人机使用持续激增的背景下,需要监管框架和规章制度,以消除公众的安全疑虑和私密担忧。

8.3 反无人机战略

随着全球空中安全事件的多发,有效的反无人机管理是政府和所有部门日益关注的议题。迄今为止,国家和国际反无人机计划的重点是开发更有效的无人机安全生态系统[10],特别是无人机使用的许可和监管、教育计划、针对打击犯罪活动的新立法以及促进私营部门进一步开发反无人机解决方案等。所有这些举措都是达成反无人机安全态势的必要步骤,但各国政府仍在努力解决无人机技术扩散问题以及相关的安全影响,同时寻求确保适当的管控不会不必要地阻碍新市场的发展,这一新市场有可能对一个国家的经济繁荣作出宝贵贡献。应对无人机的立法和监管方法非常重要,需要不断推进。但显而易见的是,在当代反无人机的论述中,它基本上是欠缺的,这需要在广泛的组织弹性规划背景下看待,尤其是当关乎国家安全战略和关键国家基础设施的保护时[10]。

组织弹性的概念远不止维持业务连续性或危机管理,后者是单一的、以事件为中心的。英国标准协会将其定义为[11]:"弹性是一个战略目标,旨在帮助一个组织很好地生存下来并得以繁荣发展。与弹性较差的组织相比,弹性较高的组织更具适应性、竞争力、敏捷性和健壮性。组织弹性是指一个组织能够预测、准备、应对和适应从日常小事件到严重冲击以及从缓慢变化到递增式变化所带来的各种影响。"在无人机管理的背景下,威胁经常快速变化,风险格局的形成可能取决于技术创新能否跟上威胁变化的速度,此时,采用具有弹性的方法就显得格外重要。这就要求组织定期审查其系统、流程、培训和设备需求,并适时调整,以确保尽可能充分地做好准备,确保对任何与无人机相关的事件都可作出最有效的反应[10]。如果不这样做,可能会导致差距继续扩大,脆弱性被放大,导致组织的弹性降低,而这通常是不必要的。之所以这样是因为没有任何一劳永逸的方法可以解决所有问题,技术创新也不会停滞不前。

在经历过或最有可能应对无人机入侵及其他事件的相关公共和私营部门中,一个经常出现的主题是,它们通常是依赖昂贵而复杂的硬件和软件对抗无人机的技术解决方案。虽然反无人机技术可能完全适合于协助识别、探测、跟踪和击败无人机,尽管受限于其角色,但该技术在能力上仍处于大发展阶段。可以从一系列引人注目的事件中发现反无人机技术解决方案的局限性。在这些事件中反无人机系统的反应不能令人满意:未能发现多架入侵滋事的无人机,也未能确定无人机操控人员的身份;虽然肇事者对重要服务造成大规模破坏,但仅有少数被逮捕和定罪。

那些遭遇了与无人机入侵相关子事件的组织,持续获得了开发组织弹性方法的重要经验。经常出现的主题包括:

> 自鸣得意又准备不足,导致响应效率降低,进而造成更大的损害或损失;

> 情报工作失误,没有掌握某些恶意组织(非国家行为体)已获取新式装备的情况,影响了工作准备;

> 需要更好地评估风险、降低风险和审视管理风险;

> 现有的条令(包括执法和军事)的机能不全,在如何优先处理利益相关方的利益冲突时缺乏明确指导,不能准确界定主要的政府部门;

> 防务装备能力不足,其原因是冗长复杂的采购时间表跟不上激进分子开发新无人机的速度[10]。

有许多潜在的方法可以化解甚至预防这些问题。第一种方法是就无人机威胁与感知的议题组织更多的专题教育:识别和区分不同类型无人机的能力;其中一些无人机确实可能对某一组织构成真正的威胁,但绝大多数无人机则不具威胁性。准确识别无人机威胁非常重要,因为对风险过度的反应可能会对组织的商业运营产生不利影响,导致重大声誉损害、巨大商业损失,可能花费颇巨,还有可能动用不必要的军警力量。无人机事件可能导致的恐慌感,一是源自完全不了解感知威胁的真实性质;二是伴随事件产生的需求:为了保持商业信心或公众信心,需在众人瞩目下有所作为。这可能导致一些昂贵、草率的采购决策,而这些决策并不总能利用好有限的可用资源[10]。

制定战略性反无人机对策的另一个因素是认识到与采购反无人机技术相关的潜在挑战和限制。在决定是否投资以及投资什么能力时,企业不仅要充分了解最有可能的目标无人机类型,他们在对抗无人机方面的战略、战术和作战目标可能是什么,还要了解这些高昂的投资是否可能会很快过时,这非常重要。无人机带来的安全威胁日益增长,这也助推了更多的企业推出自己的应对方案。负责安保的管理人员必须摸着石头过河,寻找到哪一种反无人机系统能满足他们具体的需求,这可不是一个简单的过程。

首先,他们需要充分了解自己的特定威胁情况,然后才能开始决定哪种探测技术和压制手段是适合他们的。Defence iQ 公司的首席顾问优素福·马利克说[12]:"无人机探测技术方案非常复杂。以雷达为例,你需要理解一些基本的术语,包括探测距离、输出功率、信噪比、多普勒效应、极化方式、波束扫描、频率、干扰、信号处理技术等。这些概念不理解,你就不可能对不同的系统进行客观的比较。"系统采购中要想避免代价高昂的错误,需要对不同的传感器、指挥和控制、各种相关标准和效果测量等进行了解。反无人机解决方案的潜在客户很难理解为什么看似相似的解决方案在成本上差异如此之大;同时还必须避免犯昂贵的错误,例如投资一个在演示中似乎效果良好的解决方案,但在现实世界中往往无法交付。为支持无人机探测的采购决策过程,所有组织应遵循以下步骤,以确保成功采购到合适的无人机探测系统并顺利实施:

➢ 了解无人机威胁的总体情况,并确定自己所面临的具体威胁;

➢ 对反无人机系统的底层技术有一个科学、细致、公正的理解;

➢ 在对供应商没有偏好的情况下,了解如何对不同的反无人机解决方案进行客观比较;

➢ 制定路线图,明确包括供应商和采购流程在内的各节点之间的关系;

➢ 加深对即将出台标准的了解,了解哪些是可以获得的,哪些是不能获得的。

采购无人机探测系统以加强反无人机战略响应是一个真正的挑战。鉴于无人机和反无人机行业快速发展的性质,买家应采用"亘古常青"的技术策略,确保采购的对抗技术在短暂的有效期内进行危机响应时不会过度使用,优先考虑能适应新情况的且适合的解决方案[10]。相关技术的采购也是制定有效反无人机战略的重要组成部分。可以在反无人机项目中采用的、经过反复考验的安全战略架构就是"4P模式",这是英国政府在"9•11"灾难性事件后首次提出的反恐战略[13]。这种模式现在被世界各国政府广泛采用,并进行了适应性修改。

4P策略分为4个关键支柱,缩小了安全威胁的范围,可以轻松变换为有效的反无人机策略[13]。反无人机策略的4大支柱是:

➢ 阻止(prevent):阻止滋事无人机的入侵和相关攻击;

➢ 追踪(pursue):探测滋事无人机的入侵和相关攻击;

➢ 保护(protect):加强对滋事无人机威胁的防护;

➢ 准备(prepare):在无法阻止攻击的情况下,减少其影响。

4P架构的基本原则确保通过实施阻止和追踪两个环节的一系列对抗措施能够降低无人机攻击的风险;而保护和准备两个环节的重点在于建立范围和能力,以降低攻击发生时受保护目标的脆弱性。通过同时处理降低风险和降低脆弱性的措施,它们共同地从总体上降低了无人机入侵和各种已知攻击的威胁。此外,为反无人机策略制定4P架构很容易理解为一种逻辑叙事,它能够转化为跨组织的具体行动计划,并且能够根据威胁的变化和反无人机技术的发展进行更新和扩展。在4P架构内制定有效的反无人机策略,辅以无人机威胁情况的详细知识为基础,应包括以下进展:

➢ 在组织内建立反无人机能力,在安保领域内投资开发反无人机的专门技术;

➢ 深入技术领域,理解新技术、新兴技术和现有技术系统的范畴和能力;

➢ 将反无人机计划、政策和行动程序整合到组织现有的安保行动和文化中;

➤ 推动开展反无人机系统的测试、培训和演练,以暴露薄弱环节和已有准备水平;

➤ 协调所有组织部门的战略教育意识活动,以提高准备水平和快速应变(恢复)的能力;

➤ 和所有利益相关方定期沟通,并对反无人机政策、计划和行动程序等进行更新升级[14]。

4P模式为建立有效的反无人机战略提供了一个有价值的框架。由于无人机相关的技术创新从根本上引发的一系列问题涉及稳定、安全和灾难风险模型等,如未能采用完全集成的方法,例如识别所有相关因素,那么就可能导致有缺陷的规划假设,降低准备和响应措施的效率[10]。反无人机战略必须和现有的安全行动保持同步,还要和嵌入在独特的安全实践中的文化保持同步,这样才能最大限度地发挥其全部潜力。所有对抗无人机的方法如需被证明是有效的,那还需要充分了解问题、制定全面战略、部署适当的设备,并将这些设备整合到一个条理清晰、综合全面的战略中。

8.4 审查制度和改革

降低恶意非法使用无人机所带来的风险,将需要相关组织投入更多的时间和金钱来提高人员技能,并设计出有效的反无人机方法。采用这些方法可能不仅需要采购反无人机系统技术,还要实现对系统的有效操作。这些用于采购的投资必须产生积极的回报,提供与已知管理风险相称的收益。为确保能持续维护安全,免受各种无人机威胁,还必须采取行动,分析系统性能,对风险评估以及反无人机计划、政策、程序等的业务交付进行定期审查,这些将贯穿策略的整个生命周期。定期审查反无人机系统所采取的措施,以确定在何处以及如何重新平衡对无人机安全的投资,以保持措施的有效性,做到物有所值;这样做可以确保组织仍能从将无人机技术纳入其安全行动之中获得积极收益。由于无人机和反无人机技术的快速发展,必须定期审查安全专业人员,必要时还要定期更新反无人机策略,与现有压力测试安全制度一致,以确保较高的准备水平和应变恢复能力。

一个组织还可以采取其他一些重要的自助措施,使自己更具弹性,更少地依赖其他外部参与者和资源,这也同时履行了法律上尽职的义务。这些措施包括审查所有的反无人机技术解决方案在多大程度上嵌入到现有的组织弹性方法中,包括管理方式、问责制度、综合训练、运营决策和危机管理方面。目前训练有素的反无人机技术人员相对较少,安全专家还可以提供充足的有效知识管理和知识转移,避免当少数关键技术人员不在岗时,在岗人员的技术能力水平不足以维持反无人机系统的正常运行[10]。

融入严格细致、积极主动的审查文化之中,同时对以往事件跟踪学习,以确保吸取关键经验教训;对现有方法进行相关修改,对于并存的且不断演变的威胁和风险形势,继续适应,积极应对。这些都是极其重要的学习,可改善反无人机安全态势。这些措施的目的不仅是帮助组织生存,而且是当无人机引发相关的混乱时,可以帮助组织茁壮成长。所有的领导者都应知道,如果没有充分了解问题、制定全面的战略、部署适当的设备,并将这些设备整合到一个条理清晰、综合全面的包括预防、检测、评估、反应、调查和审查等的战略中,那么那些应对无人机威胁的举措都是不能奏效的。所有认为自己面临恶意无人机入侵或恶意攻击风险的组织,现在都必须采取行动,找出有效的解决方案,保护其基础设施和人员免受愈加咄咄逼人的各种滋事无人机威胁的影响。

8.5　监　管　框　架

民用无人机使用的增加给许多国家带来了监管方面的挑战。这些挑战包括需要确保无人机在不损害公共安全和国家安全的情况下安全运行,从某种程度上说,就是要保护对国家、历史或自然有重要影响的区域[15]。正在进行的大规模商业投资已经导致民用无人机变得更便宜、活动半径更大、有效载荷更重。随着近年来的加速发展,民用客户现在可以使用种类繁多的各种型号。可供选择的型号达数百种,其尺寸、速度、质量和有效载荷能力等不尽相同。毫无疑问,无人机将继续存在,并将持续对社会产生远超现在的、更大的积极影响。但是也会有一些敌对分子在其非法行动中采用超出想象的无人机技术。尽管军用和民用无人机之间的能力差距仍然很大,但商用无人机正在让业余爱好者、公司和非法组织获得以往只有军方才能获得的能力[16]。鉴于无人机领域技术进步飞快以及敌对分子不断发掘出无人机恶劣的新用途,创新其使用方式,执法机构和决策者们正在努力工作,对这持续发展的态势作出积极回应。针对民用无人机的立法仍在不断完善,世界各地的监管机构都在努力跟上无人机的新用途、新能力和无人机技术的发展。

许多国家在创新和新兴技术方面处于领先地位,他们在快速发展的颇具成长性的无人机市场中也处于领先地位。每个国家的政府都在努力保持和发展自己的地位,让科技公司开展业务、投资新的创新、利用科学和工程技术推动新技术充分发挥潜力、扩大经济福祉。因此,至关重要的是,各国政府在支持新兴无人机产业发展的同时,也要努力保持和发展其自身在航空安全和安保领域的领先地位[17]。尽管政府的首要职责是保护民众安全,为了做到这一点,政府必须确保无人机行业落实相关的安全制度、稳定制度和问责制度;但政府也在寻求如何利用无人机的优势,并以安全的方式使用它,从而促进经济的发展。如何在安全和经济繁荣这一对相互竞争的需求中寻找平衡导致无人机监管的方法在全球各国之间大相径庭。各国的监管要素基本相同,但是,每个监管要素的限制性水平却差异很大,这通常取决于一个国家是偏向新技术推广还是偏向安全第一[18]。本章讨论的范围不包括详细介绍当前世界各地现行的所有规则和条例,这主要是因为为了跟上技术发展的步伐,以应对新的威胁,法律数量不断增加,现有条款也不断更新。

8.6　国际性的挑战

随着无人机技术愈加先进、更易获取、价格更低廉,一大批娱乐和商用无人机操控人员正在进入无人机行业[19]。由于无人机在国际上的使用量急剧增加,各国正在努力将无人机纳入其航空监管框架[18]。制定无人机法规遇到的第一个挑战就是定义究竟什么才是无人机。不幸的是,由于每个国家都有各自定义的版本,目前国际社会还没有就适用于国际法的无人机的准确定义达成共识。然而,当今世界上无人机的定义存在一些共同点,都使用"无人机"一词来指代小型无人驾驶飞行器,不管它们是遥控操作的还是自主飞行的。对无人机共同的法律描述还包括,它们可以是固定翼、旋翼或两者的组合形式[1]。一些法律条文具体定义了无人机,称无人机可以远程控制,或使用卫星导航系统或其他方法进行自主或半自主飞行。基于监管的需要,传统的无线电航模也被归类为无人机[1]。定义了无人机是什么,所以无人机不是什么在法律上也是至关重要的,这可以确保相关法规的目标与初衷一致。无人机的迅速崛起以及新技术、新功能的频繁引入,对现有无人机法规的实用性和通用性不断产生挑战,因为这些法规很快就会过时,需要定期进行审查和修订。

已制定了无人机法规的国家通常对4个领域进行监管,包括操控人员执照、无人机注册、飞行禁区和保险[18]。这些监管要求根据无人机质量、人口密度、飞行高度和使用方式等参数而有所不同。即使对于已进行无人机立法的国家,法律也需要不断重新评估,大多数与无人机相关的法律要每两年修订一次。无人机的相关法律几乎总是朝着更为宽松的监管方向发展,新基础设施的建立可能有助于法律的平稳过渡。随着法律使用变得更加宽松,专业课程培训、对人员在各种条件下操控指定型号无人机的考试以及防止人口稠密地区发生事故的责任保险都是确保普通大众安全的机制。兰德公司所作的一项商业无人机监管研究[18]表明,考察各国在 4 个监管领域的不同之处,现有 6 种典型的国家商业无人机监管方法,它们是:

1. 彻底禁止

该国家根本不允许无人机用于商业用途。

2. 有效禁止

该国有申请商用无人机许可的正式程序,但这些要求要么无法满足,要么许可证难以获得批准。

3. 要求飞行始终在视距范围内

无人机必须在操控人员的视距范围内操作,从而限制了较远的作用距离。

4. 超视距的实验用途

在满足某些限制条件且操控人员等级满足要求的情况下,不再要求飞行始终在视距范围内,发生些例外情况是可以的。

5. 广泛允许

该国在商业无人机使用方面颁布了相对不受限制的法律,同时存在一个监管体系,可能会给出相应的操作指南或要求申请许可、进行注册和购买保险,但在遵循适当的流程后,操作商用无人机就很简单了。

6. 观望

该国几乎没有颁布与无人机相关的立法,也没有关注其他国家进行监管的成果。

国际民航组织目前正在考虑制定新的国际标准,用于监管无人机某些方面的操作。2011 年,国际民航组织发布了一份名为《无人机系统》的小册子,作为对该主题的第一次审视,它呼吁各国提供意见,"尤其是关于无人机应用和有效性的意见",以便继续发展[15]:"通过《标准和推荐性措施》规范的基本国际监管框架,支持航空导航服务程序和其他指导材料,以安全、协调和无缝的方式支持全球无人机的日常运行,这足以与常规的有人飞行操作相媲美。"为了推进无人机的国际标准化,国际民航组织成立了"无人机启动"机构,这是一个框架,将各国聚集在一起讨论无人机安全和稳定方面的挑战。"无人机启动"已举办了一系列专题讨论会,以寻求达成国际共识。2020 年,第四届"无人机启动"研讨会[20]的主题为"现在如何应对明天的挑战"。国际民航组织将来自制造业、学术界、政府和无人驾驶航空领域的国际组织等主要利益相关方聚集在一起,就最佳实践、学习课程、研究材料等方面展开交流,并介绍彼此在引入无人机系统和无人机无人交通管理时所遇到的相关挑战。所有"无人机启动"组织的专题讨论会都展示了现有技术的广度和最新的研发进展,同时描述了航空业中这个快速发展的子行业所进行的商业和非商业活动。国际民航组织研讨会还为参与者提供了宝贵的网络工作机会,鼓励无人机行业的所有人都参与、贡献和关注"无人机启动"研讨会的发展,它将有助于在国际层面塑造无人飞行的未来。了解国际无人机立法至关重要,这样可以确定哪些国家对无人机的使用最开放,行动迟缓的国家应采用什么样的先例进行立法。

8.7 欧洲的法规建设

欧盟委员会引入了新的法规,将所有无人机,无论大小,都纳入现有的欧洲航空安全框架[15],目前他们正在欧盟范围内就无人机操作规则努力进行协调,以求达成一致。2018年12月,欧洲空域内操作民用无人机的责任由各国航空当局移交给了欧盟委员会[21]。民用无人机是指除了军用、警用或应急服务之外所使用的无人机。欧洲议会负责任命的欧盟航空安全局,向欧盟委员会技术专家建议将无人机的最大起飞质量控制在150 kg以下[21]。2019年欧盟航空安全局提交的法规获得了欧盟委员会的一致认可,同年晚些时候,发布了欧洲民用无人机使用新法规,各成员国民航局负责实施,这项工作已于2020年7月完成[22]。新法规旨在为欧洲创造一个公平竞争的环境,依据法规在航空领域将取消多数的无人机操作。目前的有人驾驶航空法规是基于规则的,并已证明对快速变化的无人机市场不够灵活,因此欧洲这项新法规为其他国家或地区提供了一个蓝图,看看它们是否提供了必要的安全措施,以降低滋事无人机威胁的风险[21]。根据欧盟交通专员维奥莱塔·布尔克的说法,欧盟委员会授权条例(EU)2019/945和委员会执行条例(EU)2019/947中的新规则确保[22]:"欧盟现在将拥有世界上最先进的规则。这将为安全、可靠和绿色的无人机飞行铺平道路。它还为整个欧洲的商业部门和无人机创新者指明了迫切的前进方向。"这些法律构成了欧盟航空安全局监管无人机措施的一部分,同时在整个欧盟创建一个称为U-Space的无人机交管系统项目,用于实现对无人驾驶飞机交通的管理,以确保与使用相同空域的其他实体进行安全互动,地点不仅仅在城市地区,任何位置都可以[23]。尽管出台了新的法律和安全措施,但恐怖分子采用无人机进行战术攻击,仍可以造成大规模破坏、破坏经济稳定并威胁欧洲安全,这令人担忧。2019年8月,欧盟安全专员朱利安·金警告说,无人机可能被用于恐怖主义行动,这进一步加剧了这一威胁,并称[24]:"无人机正变得越来越强大、越来越智能。不论对于合法用途还是对于敌对行动,它们都更具吸引力。"这一警告是在2018年12月法国反恐部队向该国反恐特别委员会提交的秘密报告泄露后发出的。

报告警告说:"恐怖分子可能通过一架可以配备生物战剂的无人机对一个足球场发动袭击。"考虑到安全和安保方面的担忧,欧洲各地引入新的无人机法规的需求是迫切的。

新的欧洲无人机法规以风险为基础,将商业、娱乐操作分为低风险类别(开放类别)和中风险类别(特定类别)[21]。高风险操作仍将保留在有人驾驶航空领域的认证类别下进行。开放类对无人机操控人员的要求很少,这意味着"买来就飞"的方式可行[21]。尽管无人机本身需要获得欧盟批准的产品认证,但操控人员通过资格认证非常简单,就像参加一场在线考试一样。目前的许多常规商业无人机操作都可以在开放类中进行管理,只要它们不在人的上方或附近飞行就可以。除高风险外,所有其他操作均在特定类别中进行管理。对于这一类别,操作员必须进行风险评估,需要与各种压制措施实施相关联,还要获得国家航空监管部门的批准。新的欧洲法规影响深远,将给整个无人机行业带来许多变化;考虑到变化的程度,随着新法规的生效,不可避免地会产生一段时间的不确定性。然而,新制度的实施确实创造了一个迫切需要的、涵盖欧洲范围内的结构,将欧洲以前支离破碎、过时、各不相同的法规统一起来。

欧洲无人机法规的发展通过欧盟航空安全局继续推进,该局于2020年4月发布了第一份关于在城市环境中使用和控制无人机的全球观点,在期望无人机商业利益最大化、最方便与确保民众安全、隐私不被侵犯以及减少对城市可能的环境影响两种观点之间作出平衡。将无人机融入城市环境的挑战在于,这些区域已经被人们通过各种方式密集使用了,包括地面交通、其他类型的空中交通,如商用飞机、其他民用航空、警用或医用直升机服务等。还有一些人,他们害怕噪音,担心隐私被侵犯,担心低空飞行可能造成的意外伤害。欧盟航空安全局执行董事帕特里克·基表示[23]:"我们已经开始看到,在全球各种实验中,无人机承担了越来越多的复杂飞行。此外,正如大家所知,许多公司的商业理想就是实现无人机货运业务,再进一步,就是提供诸如空中出租车的服务。"欧盟航空安全局的提案建议引入一个监管框架,允许此类无人机服务与我们城市环境中的所有其他活动共存。其目的是确保无人机安全运行,同时也为竞争激烈的无人机交通管理系统服务市场奠定基础,并建立起公众认可的环境保护、安全和隐私保护水平。欧盟航空安全局提交给欧盟委员会的提案是未来立法的基础,为欧洲无人机交通管理系统的建立奠定了第一块基石[23]。最初考虑的范围包括低层空域、人口密集的城市空域和靠近机场的位置,不包含其他区域的空域。欧盟航空安全局预计,随着市场的发展和经验的积累,将扩大适用范围,这将说明欧盟的监管机构是如何领导全球寻找可行方案的,以应对日益棘手的无人机监管领域。

8.8 执 法

所有政府都敏锐地意识到,法规的有效性取决于支持它们的执法制度。因此,从实际执法无人机所面临的挑战出发,必须仔细考虑监管框架的每个要素。无人机成功执法与危机发生时阻止滋事无人机威胁、进行事件调查一样,其必备条件是要求现场急救员能力强、专业、会操作。对于所有反无人机方法都至关重要的是,在许多情况下,这些应急人员是警察,根据事件的不同,他们可能需要在各种高危行业中执行反无人机响应措施。特定的风险场所将有专属的现场急救员,包括像监狱官这样的不同政府机构雇员,还有负责像私营监狱、关键国家基础设施和拥挤的露天公共空间这样不同场所安全和安保的私营部门员工[1]。为确保现场急救员了解其在无人机法规监管框架内的角色和责任,他们必须拥有针对恶意使用无人机采取行动的全部权力,应通过培训获得授权,并获得在适当情况下访问反无人机系统并使用它的权力。因此,各国政府必须努力确保所有现场急救员都获得与其角色和面临的无人机风险相适应的培训、技术和法定权力,以便他们能够自信地采取行动,果断应对无人机威胁。

在英国,警方正在对越来越多的无人机相关事件作出反应。如果有违法行为发生,警方在得到许可的情况下可以命令无人机降落、进行检查和扣押无人机[25]。在机场和监狱周边,他们还可以依法截停搜查,以帮助打击非法使用无人机的行为。为了支持警方发挥挑战性的作用,英国的无人机用户将因某些违法行为而面临现场罚款,例如,如果发现他们的设备飞得太高或离建筑物太近,但无法提供他们拥有正确的许可和豁免的证明时,或未能提供有说服力或有效的证据时。英国交通大臣巴隆尼斯·维尔说[25]:"无论是通过改变我们的货运方式,还是在搜救任务中拯救生命,无人机都表现出惊人的潜力。大多数使用无人机的人都很有责任心,我们也鼓励他们熟悉法律。我们确信警察将合理分配使用他们的权力,既能阻止被粗心使用的无人机,也能打击严重、恶意的犯罪活动。"英国新的无人机条款还允许警方和高级监狱当局授权使用反无人机措施对无人机非法使用进行打击。对这些新授予的权力,英国警察表示欢迎,但在努力提高对无人机和反无人机问题的认识时,现场急救员仍然面临着一些独特的挑战。意识到问题的复杂性、所需的技术技能以及专业航空相关规定的本质,这些都是造成执法难的原因,警察针对无人机执法的新规定如若有效,上述这些都需要得到解决。

现场急救员应对无人机事件的一个主要隐患是如何保护对国家基础设施至关

重要的地点和部门周边的空域。不幸的是,近年来的滋事无人机事件暴露了多机构现场急救员在合作、协调、培训、意识以及指挥和控制过程中的缺陷,这些导致最终无法有效应对滋事无人机入侵。目前,急救机构不具备有效应对公共空间无人机恐怖袭击的能力,也没有针对无人机恐怖袭击实施一致或统筹的计划[26]。因此,所有当权者都必须致力于加强执法、民防和医疗服务之间的协调与合作,通过联合培训和合作制定一个共同的计划,以有效应对使用无人机的恐怖袭击。政府正在努力确保他们有全国一致的原则以防止在需要多个机构的响应中出现任何不同。所有政府现在还必须确保行动响应者知道何时以及如何采取行动,包括在应对恶意和非法无人机活动中发挥作用的各种政府组织[1]。协调一致的法规执行方法对于最大限度地提高应对滋事无人机入侵的效率至关重要。当局将需要开展进一步的工作,以确保无人机立法跟上不断演变的威胁的步伐,对操作经验作出总结,并直接为现场急救员提供各种形式培训和指导。各国政府必须继续制定提案,将其纳入未来的立法中,以确保任何无人机法律框架(现场急救员必须在其范围内操作)不会过时,不会妨碍其对敌对无人机活动作出响应和调查的能力。此外,赋予警方相应的执法权,包括在有合理理由怀疑无人机使用者正在犯罪的情况下向其索要证据,这让公众相信,无人机使用者的行为超出法律范围时,会受到监控并被绳之以法,所有这些都有助于促进社会对无人机未来使用的接受度[17]。

8.9 平衡举措

应对恶意使用无人机的问题需要政府采取全面的、分层次的战略和方法,并在全国各地及国家机构中实施。这种战略方法必须融合技术创新、立法、监管和教育等不同方面。开发反无人机解决方案将不能仅局限于一个国家;这是一种全球化的现象,需要进行更多合作,包括分享知识、专业技能和最佳实践。通过关注国际无人机法规的演变、技术发展潮流和发生的安全事件,可以深入了解渐进式或极端式监管措施对技术采用的影响,也可以知道逐步引入未经充分测试的无人机技术是否能化解潜在的危险[18]。各国政府将相互努力学习,看看哪些法规真正起作用,哪些法规在其辖区内限制创新并遏制了无人机行业进步。防止滋事无人机威胁的困难在于这是一个仅靠政府无法解决的问题;私营企业中的风险部门现在必须遵守政府的指导。所有商业无人机操控人员和私人爱好者也必须在遵守法律的同时,努力达到最高的专业标准。对于不守法的无人机用户,其他无人机爱好者应该毫不犹豫地举报,因为他们危及无人机飞行的未来,他们的犯罪行为,有可能为监管机构加强监管提供依据。

为了降低无人机威胁的风险,技术对抗措施需要紧跟无人机的发展,并在管理其使用的法律和监管框架内进行。政府需与制造商广泛合作,通过引入新技术来确保无人机的使用符合法律规定,鼓励甚至立法推动通过产品设计从无人机的底层实现内置式安全。这包括地理围栏技术,它通过内置软件可以自动阻止无人机在受保护区域内飞行;还有电子识别技术,允许自动识别包括无人机在内的所有空中用户[17]。许多商用无人机已经具备了地理围栏能力,世界各国政府应该加大力度,直接与无人机制造商和行业交流,深入探讨如何提高这些能力。这还包括与空域管理人员和监管人员进行合作,了解有关永久禁飞区和临时禁飞区的可靠数据,例如,机场和其他关键国家基础设施站点周围就是禁飞区。数据可以让厂商和技术开发人员以定制的格式轻松使用,以提高安全性,并帮助无人机用户按照规则飞行[1]。决策者还应寻求通过更严格的法规,限制商用无人机的某些关键指标能力,例如有效载荷,这可以影响到敌对无人机的行动。应特别注意限制无人机的攻击、情报、监视和侦察能力。此外,无人机需申请许可、注册,每架无人机拥有一个唯一的序列号;当局必须注意到以民用身份购买的无人机同样能够装载一定数量的有效载荷。保护人员、财产和数据免受各种恶意无人机威胁需要整个团队的努力,也需要当局和行业之间加强合作。通过政府和私营企业之间更高水平的参与与合作,确保在维护安全和推动无人机创新之间取得适当平衡,这样可以从未来几年无人机行业指数级的增长中收获经济回报。

世界各国政府将考虑无人机领域内进一步的产品标准或限制,可以减少与无人机滥用相关的风险,这也会相应地影响合法用户[1]。然而,对抗无人机敌对使用的最佳防御措施是采用一系列措施来应对威胁,包括监管、无源对抗和有源对抗[16]。监管方面的对抗措施可以限制商用无人机的能力,并限制敌对组织和个人采购和操控无人机的能力[16]。这些对策的结合,再加上反无人机战略作为更广泛的安全行动的一个组成部分,用于支持阻止和探测对公共安全和国家安全构成威胁的滋事无人机。尽管越来越多地引入了法规审查制度,对现有法规进行定期审查,但安全政策制定者仍然担心,无人机行业的快速增长将持续超过相应的管理规则和监管系统的发展,同样也超过警方和其他民事当局有效执法的能力。防止滥用无人机的法规将减少无人机的威胁,但令人不安的事实是,我们无法阻止所有这些威胁,因为蓄意滋事者的敌对意图和创造性野心,他们不断寻求采用无人机技术的新方法以推进其不法行动。鉴于无人机技术进步的规模和范围,下一代无人机将与越来越高水平的分析计算能力和人工智能相结合,使得无人机的威胁持续存在,在可预见的未来这仍将是一个重大的公共安全和国家安全问题。

8.10　反无人机的创新

无人机已经赢得了当代颠覆性技术的地位,证明了自己是一项创新发展,极大地改变了世界各地消费者和工商业的运营方式[27]。无人机的激增代表着一种颠覆性的技术创新,它将继续以指数级的速度在全球范围内发展。对于无人机和无人机探测公司来说,在这场新兴的、发展变化的颠覆性技术演变中跟上步伐并生存下来,是一项重大挑战。然而仅谋求简单地生存下来标准又太低,那么单独的无人机行业组织如何在这种环境中茁壮成长呢? 达尔文的商业模式提供了大量证据证明,存活下来的并不是那些最强大或利润最多的组织,而是最能适应变化的组织[28],更具体地说,这些组织通过积极拥抱新问题、鼓励创新、嵌入新情况,营造出鼓励创新的环境和文化氛围,实现更快工作的新方式[29]。这些创新是由现代信息技术和基础应用科学研究的成果所驱动的,这些研究正在影响我们的社会,导致其发生高速变化,这也表明21世纪将以指数化的变革为特征,且比以往任何年代都更为明显。颠覆性的社会和技术创新将不断加速,对社会和经济造成持续、快速和剧烈的变化,同时对无人机行业产生冲击。这不是一个变革的时代,而是一个时代的变革。

无人机行业最宝贵的资产就是他们的员工。为了使公司变得敏锐并保持成功,无人机公司有必要开展旨在改善员工思维模式、提高专业技能的活动。因此,本章的目的是提供指导,通过创新以及介绍如何创新的具体举措来适应外部的变化。本章提供了积极而实用的步骤,可以在各种规模的组织嵌入一种创新的文化以及一套滋养创新的生态系统,这一切的基础是要招揽无人机行业最有才华的专业人员,促进其发展并将这些人才保留住。无人机行业的领导者和关键决策者们很快认识到,他们通过合作会变得更强大;他们还意识到无法再独自解决许多无人机和反无人机问题,他们需要为迎接明天的挑战做更好的准备,从未来十年预计将达到140亿美元规模的全球无人机市场中收获回报[30]。此外,那些鼓励和接纳来自组织内外的突破性想法和概念的组织将吸引到最有才华和创造力的人。公司对他们的持续专业发展进行投资,包括提供培训,提供鼓励自主创造和实现的工作场所文化和环境等。无人机领域内采用这种方法的组织将被证明是那些蓬勃发展的,而不是仅仅满足于生存之道的。

8.11　对现实的研究

尽管出台了新的法律和安全措施,但恐怖分子可以采用无人机进行攻击,以求达到造成大规模毁坏、破坏经济稳定并威胁安全的目的,这仍然是全世界关注的问题。恐怖分子已经在冲突地区使用无人机,并造成了重大影响。欧洲执法的领导机构——欧洲刑警组织透露,欧洲各地的恐怖袭击表明,公共场所经常成为袭击目标,恐怖组织正在使用最新的创新技术,这需要执法部门采取同样创新的方法来化解新出现的威胁,这其中就包括恐怖分子使用无人机造成的威胁[31]。

为了制定应急服务机构应对敌对无人机的措施,欧盟投资进行了多个研究项目,以改进民用防护应对措施,确保公共场所免受恐怖威胁。欧盟警察内部安全基金资助了一个独特的颇具创新的合作研究项目,为现场处置机构提供有价值的培训工具,改进公共空间遭受无人机恐怖袭击时的反应[32]。"智慧无人机"项目是一项为期两年的行动,于2022年结束。该项目认识到,非法使用无人机是一个全世界都严重关切的问题,恐怖分子采用无人机技术并开发新的创新方式,以难以想象的规模造成大量的破坏[26]。实施"智慧无人机"项目的多学科合作伙伴联盟认识到,最近的一些滋事无人机事件暴露了现行安全体系的一系列缺陷,其急需加强:不同机构的现场急救员间的合作不充分,需加强统一的协调;业务培训需加强;系统感知能力不足;指挥和控制流程有待优化。在现有工作的基础上,扩大该领域的当前行动,"智慧无人机"项目将提供实用的安全解决方案,针对现场急救员、民政部门和医疗服务部门进行培训,提供应对策略,显著提高公共空间的安全性,防止无人机恐怖袭击[26]。"智慧无人机"项目的理念就是加强执法部门、民防机构和医疗服务之间的协调与合作。通过联合培训、共享计划、合作发展,有效应对无人机恐怖袭击后的紧急阶段。"智慧无人机"项目将多种措施进行组合,将多个现场处置机构聚集在一起,统一规划、统一准备他们的应对措施。"智慧无人机"措施的集体响应将有助于提高现场处置机构的准备能力,更好地协调其工作,显著改善公共空间的保护和协调反应能力,并提高无人机实施恐怖袭击时整体的应变能力。

"智慧无人机"项目将为所有现场处置机构开发和提供反无人机指挥培训,内容包括战术选项和决策框架,依据反无人机指挥培训手册的内容,为现场急救员提供权威指导。为了解决即时和短期的脆弱性,在项目期间,将向欧洲各地的现场急救员提供"智慧无人机"培训。现场处置机构短期的需求将进一步受益于反无人机指挥、控制和协调策略的交付使用,它采用了威胁风险评估矩阵和决策模型,为用户提供了一种多机构指挥策略。为了满足现场处置机构的中长期需求,"智慧无人机"将提供一个反无人机培训师计划,以提高并充实现场急救员的技能,所有培训相关材料将通过反无人机在线培训门户网站随时提供。

"智慧无人机"项目所采取的综合举措,将显著改善代表 5 个欧洲地区的 6 个合作伙伴组成的项目联合体之间的协调应急响应,同时提出一个"大欧洲"的观点,在特定领域展现出来自政府、学术界和私营企业的最佳专家意见。作为"智慧无人机"项目的协调人,巴伐利亚州公共服务应用科学大学警察系为巴伐利亚州的警察提供操作和执行培训,确保项目中身处各层级的现场急救员获得特有的和必需的技能[33]。

执法机构参与到大规模的国际创新项目研究中说明警界的高级领导人开始认识到,他们已无法充分理解当代安全风险的复杂性,也不能完全解决这些问题。从打击各种形式的滋事无人机入侵和无人机支持的恐怖主义、贩毒,到应对网络安全挑战,警方开始认识到,与专家学者进行合作,可以为其提供独特的观点和实用的解决方案,帮助他们应对来自工作上的挑战。在相关的多学科合作研究中,执法机构积极参与并全面融入的例子仍然很少。在很大程度上,该领域内对警方的研究仍然占据主导地位,由学者负责研究的设计、指导和实施。警察和学者以及来自私营行业的工程技术人员,近年来一直渴望能共同工作,这促成了合作网络的形成,正在带来积极的变化。

"智慧无人机"项目联盟的合作伙伴体现了新的创新和协作方法,其成功的做法需要复制到整个无人机行业之中。它包括保加利亚的欧洲研究所和希腊的安全研究中心,前者提供战略性安全政策专业知识[34],后者提供学术严谨性,并建立了与希腊警察部门(希腊警察总局)的直接联系[35]。克罗地亚的 RiniGARD 公司进一步赞扬了"智慧无人机"项目联盟,该联盟带来了宝贵的无人机和无人机探测技术知识,并融合了现场急救员的操作经验,为无人机的最新技术发展提供了重要的行业视野[36]。爱沙尼亚的 Saher Europe 公司在反恐和公共空间保护领域内,针对现场急救员进行特定策略开发,提供专业操作培训,给"智慧无人机"项目伙伴附加了大量的价值[37]。克罗地亚大戈里察应用科学大学带来了安全领域危机管理的学术专长以及必要的培训开发、评估和质量保证技能,它的加入使得"智慧无人机"联盟更加完美[38]。"智慧无人机"联盟在技能、专业知识和现场反应实践能力方面具有完美的互补性,弥合了政府、学术界和私营行业之间的鸿沟,带领创新协作的反无人机研究走向商业化和实用化。

8.12 一个实践样板

"智慧无人机"项目的一个重要组成部分,就是创建并持续开发有效的反无人机培训,以提高对各种无人机相关威胁的认识。这也是反无人机行业取得更广泛成功的基本要求。不幸的是,非法使用无人机的直接结果就是,相关犯罪事件和报告数量剧增,世界各地的警察必须进行大量的调查工作,涉及的无人机或为网购,或直接从商店购买,其中越来越多的是狂热爱好者的自制产品。鲁莽和恶意使用无人机事件数量的上升迫使政府和私营行业采取行动,采取一系列应对措施,减少因人员伤亡、数据破坏、基本服务中断和经营场所损坏所带来的损失。为了直接应对滋事无人机活动带来的持续安全问题,两届皇后奖得主 Rinicom 公司与英国 Saher 公司的安保创新者联手,提供无人机探测及后续的无人机响应培训,在英国国家航天技术计划资助下,在提出联合研究和创新倡议的基础上,与专业无人机探测领域的主要执法机构开展紧密合作,包括英国国家警察航空局和警用国家法律数据库等。新的创新培训为专业人员提供了必要的知识和技能,在应对滋事无人机活动时提高运作和组织的应变能力[39]。

该培训由行业领先的无人机和执法专家设计和提供,通过反无人机训练模型——探测模型、评估模型、压制模型和调查模型(这4类模型后文简称为 DENI 模型),提供了必要的基础内容,以确保从整体上可以有效应对各种无人机威胁[40]。反无人机训练课程使用 DENI 模型作为开发模型,为训练计划提供了一个框架,包括防止滋事无人机入侵的措施,在攻击发生时应对的准备以及攻击后恢复的措施。这种独特的模式为互动式培训提供了信息,让参与者了解无人机活动的威胁,通过设置一系列与他们的职责范围最相关的循证场景,让他们学习如何有效应对滋事无人机事件。该培训旨在为所有专业人员,包括安全管理人员、警察和边境管理当局,针对滋事无人机活动引发的威胁以及风险管理和化解风险的有效措施,提供详细而全面的了解[41]。完成 DENI 模型培训计划后,课程参与者能够:

➢ 全面理解无人机威胁形势、无人机能力和相关技术;

➢ 就其管辖范围内的无人机非法使用,解释相关的法律、法规和条例;

➢ 全面理解无人机探测技术以及对抗无人机活动威胁所需采取的措施;

➢ 设计、开发一个强健的威胁和风险评估框架,用于管理和减轻滋事无人机活动所带来的风险;

➢ 掌握无人机探测调查实用技术,可以识别出滋事无人机活动;

➢ 制定针对无人机威胁的全面战略性应对措施,彰显了开发无人机安全政策、实践和程序的能力以及将其整合到更广泛的组织弹性规划中的能力[40]。

DENI模型培训的完成,确保参与者能够识别和评估安全漏洞,采取积极行动,制定有效的无人机安全策略,防范滋事无人机活动[40]。此外,培训项目还对无人机探测系统采购过程提供决策支持,确保所有组织都具备相应的知识和理解,用于系统评估、成功采购以及实施满足其要求的无人机探测系统[42]。这一独特的培训吸引了安全和警界的专业人员、高级领导和行动人员,他们希望获得进一步的知识和专业经验,以加强安全措施,提高应变能力。寻求增强运营专业知识,对于威胁和风险评估、危机管理、危机响应、事后恢复和组织弹性规划等议题感兴趣、意图提升认识的技术人员和与会者,也可能对该培训感兴趣。DENI反无人机训练模型和程序证明,通过协作方式可以进行创新性多学科研究和发展。这个例子使我们认识到,没有任何一个单一组织能够让民众、民事机关或商业公司免受日益复杂的滋事无人机带来的威胁[26]。DENI模型的精神特质就是,各组织联合起来进行工作,这是推动变革的更强大因素,他们利用集体力量,为对抗恶意无人机攻击作出真正的改变。

8.13　成功的关键因素

创新不仅仅是被动地在车轮上滚动,这是一个持续不断的挑战,需要驱动力、程序实现,并嵌入到无人机航空业的文化中。必须坚持不懈地追求创新,才能在未来十年内实现无人机行业预期的三倍增长[41]。如果无人机及相关技术公司和服务提供商希望在这一激动人心的机遇中占据相当大的市场份额,他们以及广义上的无人机航空业和政府必须进行彻底的改变,以满足客户的需求和期望。可靠的创新方法是这样实施的:在政府的鼓励下,将创新融入无人机和无人机探测组织的企业文化中,通过研究基金和创新基金提供激励,并引入适当的监管框架,同时增加公众咨询,提高公众关于无人机对经济和环境的积极影响的认识,扩大社会对无人机的接受度,以提高商业和应急服务运营的效率。这可以通过多种实际步骤来实现,其方法是在一个组织的整个运营环境中引入单个工具,作为更广泛创新机制的一部分。这可能需要开发定制创新战略和政策,并通过纳入战略创新目标予以加强。

嵌入创新方法将确保各个无人机公司现在就做好准备以迎接将来的挑战,为无人机行业的发展作出宝贵贡献。作为回报,通过提供独特的产品、系统和服务,在全球范围内改变已有的商业模式,完成社会的挑战,并因此获得丰厚的经济收益。组织一个创新蓬勃发展的环境,需要消除创新的障碍,重新激发各位同仁的创造力和对专业的热情。在所有操作层面上都消除创新障碍的关键是领导者,特别是高级领导人,必须成为无人机行业创新的领军人物、大使和典范。无人机和无人机探测方面的创新需要所有领导层的支持,才能创建出创新生态系统并促进其发展。无人机业的领导者必须允许自己和同事超越文化传统的限制以及传统操作习惯的限制来进行思考。领导者必须鼓励探索不同的、更好的工作方式,采取专业的工作精神,达到促进创新,鼓起勇气,增强信心的目标。采用创新方法可以确保无人机行业不仅在其运送内容上创新,而且在运送方式上创新,所有这些都有助于创建有效的创新生态系统,从而加速扩大商业机会,以解决最紧迫的无人机和反无人机挑战。

随着无人机技术的持续快速发展,应对无人机构成的威胁必须跟上步伐,了解无人机造成的威胁和风险仍然是平息滋事无人机事件的重要方面。滋事无人机入侵和恶意攻击事件以惊人的频率持续发生,这表明怀有敌意的威胁持续存在,包括那些积极的、固执的活动家,他们愿意通过非法滋事无人机的直接行动来实现其在政治、意识形态或环境事业等方面的追求[43]。尽管反监视和反敌对侦察措施有所增加,但所有当权者都必须承认,无人机适用性好、技术性能出众,使得其从事的滋事行为会给安全带来持久性的威胁,这需要及时发现目标,果断处置。无人机的广泛使用更加推动了有组织犯罪的发展,他们破坏地方和国家经济,破坏环境,危害公众健康和福祉;而且,在高利润和低风险的模式受到挑战之前,有组织犯罪将继续从他们的非法活动中牟利[44]。随着有组织犯罪集团采用新的和新兴技术来发展其组织,使用有效载荷能力不断增加的无人机将使得实施犯罪更加便利,这也成为刑事调查领域的一个新的常规特征。

当今时代,全球国际恐怖主义泛滥,民族主义恐怖暴行突然兴起,这些惊人的高发性表明,恐怖主义策划者实现了他们的预期目标,挫败了各国当时采取的各种安全措施。不幸的是,这种模式不会改变;世界各国政府都在尽力防止恐怖主义暴行进一步发生,但他们很可能无法阻止所有这些暴行。根据这一结论,所有政府都必须致力于提高他们对反恐以及极端恐怖分子使用无人机所带来的新威胁的认识和理解。改装无人机利用安全漏洞进行各种网络相关犯罪是最新出现的网络威胁,这是无人机技术的进步和怀有敌意人士的无限创造力共同结合所致。

综上所述,恶意使用无人机进行扰乱、破坏和摧毁,造成了一个复杂而具有挑战性的威胁环境。无人机技术的恶意使用所带来的安全挑战并非不可逾越,但需要果断应对。为了平息滋事无人机所带来的风险,所有政府都应认识到,必须增加对无人机和反无人机技术的了解,对敌对行为者的动机进行评估,对特定风险进行评估,对其预定目标进行漏洞分析,对所面临的威胁形势有一个全面充分的理解认识。否则的话,我们将无法有效应对这些威胁。为了击败滋事无人机所带来的种种威胁,需要采购和部署适当的设备,并将这些设备整合到一个与现有安全行动同步的、全面一致的反无人机战略中,使其融入到弹性规划的文化中。

参 考 文 献

[1] U.K. Government. Counter-unmanned aircraft strategy[EB/OL].(2019-10)[2020-01-01]. https:// assets. publishing. service. gov. uk/government/uploads/system/uploads/attachment_data/file/ 840789 /Counter-Unmanned_Aircraft_Strategy_ Web_Accessible.pdf.

[2] PRINCE L. Kentucky man arrested after shooting down neighbor's drone. NBC News[EB/ OL]. (2015-08-01)[2020-01-01]. https://www.nbcnews. com/news/us-news/not-my-backyard-man-arrested-after-shooting-drone-down-n402271.

[3] VINCENT J. Judge rules kentucky man had the right to shoot down his neighbor's drone. The Verge[EB/OL]. (2015-10-28) [2020-01-01]. https://www. theverge. com/2015/10/28/ 9625468/drone-slayer-kentucky-cleared-charges.

[4] U.K. Government. Public dialogue on drone use in the UK: Moving britain ahead, department for transport[EB/OL].(2016-12-21) [2020-01-01]. https://www.gov.uk/government/pub-lications/drone-use-in-the-uk-public-dialogue.

[5] Coronavirus: Northamptonshire police could use drones. BBC News[EB/OL]. (2020-03-23) [2021-01-01].https://www. bbc.co.uk/news/uk-england-northamptonshire-52004297.

[6] HOLROYD M. Coronavirus: Italy approves use of drones to monitor social distancing. Euronews[EB/OL]. (2020-03-23) [2021-01-01]. https://www. euronews. com/2020/03/23/ coronavirus-italy-approves-use-of-drones-to-monitor-social-distancing.

[7] MCGEE P, STACEY K. California police to use drones to patrol coronavirus lockdown. Financial Times[EB/OL]. (2020-03-20) [2021-01-01]. https://www.ft.com/content/c7d0dee1-6125-475c-9cc7-78f4671d7cea.

[8] HOPE A. Privacy concerns over surveillance drones used in monitoring social distancing. CPO Magazine[EB/OL]. (2020-04-20) [2021-01-01]. https://www. cpomagazine. com/data-privacy/privacy-concerns-over-surveillance-drones-used-in-monitoring-social-distancing/.

[9] American Civil Liberties Union of Connecticut. About US: American civil liberties union of connecticut [EB/OL].(2020-04-20)[2021-01-01]. https://www.acluct.org/en/about/about-us.

[10] SAMUEL K. Rethinking counter-drone management: The need for a resilience solution. Defence iQ[EB/OL]. (2020-02-01) [2021-01-01]. https://www. defenceiq. com/cyber-defence-

and-security/articles/rethinking-counter-drone-management-the-need-for-a-resilience-solution.

[11] Organizational resilience: Harnessing experience, embracing opportunity, executive summary. BSI[EB/OL].(2015-11-25)[2020-01-01].https://www.bsigroup.com/globalassets/Global/revisions/Org-Resilience-Exec-summary2--FINAL-25Nov15.pdf.

[12] MALIK Y. Counter-drone system procurement training. Defence iQ[EB/OL]. (2020-03) [2021-01-01]. https://www.defenceiq.com/events-countering-drones/.

[13] OMAND D. Securing the state[M]. London: C Hurst & Co., 2010.

[14] MARKARIAN G, STANIFORTH A. Counter-drone detection, evaluation, identification and neutralisation training, rinicom ltd. and saher-UK ltd.[EB/OL].(2019-09-16)[2020-06-16]. https://rinicom. com/wp-content/uploads/2019/09/DeNI-Training-Brochure-MERGED-Updated-16.09.2019-ONLINE-.pdf.

[15] LEVUSH R. Regulation of drones: Comparative analysis. The Law Library of Congress [EB/OL].(2016)[2020-01-01]. https://www.loc.gov/law/help/regulation-of-drones/comparative.php.

[16] ABBOTT C, CLARKE M, HATHORN S. Hostile drones: The hostile use of drones by non-state actors against British targets, remote control project, network for social change. Oxford Research Group[EB/OL].(2016-01)[2020-01-01].https://www. openbriefing.org/docs/Hostile-use-of-drones-report_open-briefing.pdf.

[17] Department for Transport. Taking flight: The future of drones in the UK government response. Moving Britain Ahead[EB/OL]. (2019-01) [2020-01-01]. https://assets. publishing.service.gov.uk/government/uploads/system/uploads/attachment_data/file/771673/future-of-drones-in-uk-consultation-response-web.pdf.

[18] JONES T. International commercial drone regulation and drone delivery services, RAND corporation[EB/OL]. (2017) [2020-01-01]. https://www. rand. org/pubs/research_reports/RR1718z3.html.

[19] UAV Coach. Master list of drone laws. Organized by State & Country[EB/OL]. (2020) [2021-01-01]. https://uavcoach.com/drone-laws/.

[20] ICAO drone enable symposium 2020[EB/OL]. (2020) [2021-01-01]. https://www. icao. int/Meetings/ DRONEENABLE4/ Pages/default.aspx.

[21] FRANKEN P. EU Drone regulations for dummies: An explanation and implications for drone service providers. Terra Drone[EB/OL].(2019-04-26)[2020-01-01]. https://terra-drone.eu/en/articles-en/eu-drone-regulations-explained-for-dummies/.

[22] European commission adopts rules on operating drones. European Commission[EB/OL]. (2019-05-24) [2020-01-01]. https://ec. europa. eu/transport/modes/air/news/2019-05-24-rules-operating-drones_en.

[23] EASA publishes first rules for safe drone operations in Europe's cities. European Union Aviation Safety Agency[EB/OL]. (2020-04-06) [2021-01-01]. https://www. easa. europa. eu/

newsroom-and-events/press-releases/easa-publishes-first-rules-safe-drone-operations-europe's-cities.

[24] DOFFMAN Z. Warning over terrorist attacks using drones given by EU security chief. Forbes[EB/OL].(2019-08-04)[2020-01-01].https://www.forbes.com/sites/zakdoffman/2019/08/04/europes-security-chief-issues-dire-warning-on-terrorist-threat-from-drones/#4bcb380d7ae4.

[25] Department for Transport. New powers for the police to enforce drone laws[EB/OL].(2020-01-27) [2021-01-01]. https://www. gov. uk/government/news/new-powers-for-the-police-to-enforce-drone-laws.

[26] European Commission. DroneWISE: ISFP-2019-AG-PROTECT-SEP-210640116, directorate-migration and home affairs, international security fund-police[R]. Brussels, 2019.

[27] SCOTT G, SMITH T. Disruptive technology: What is disruptive technology? Investopedia [EB/OL]. (2020-03-21) [2021-01-01]. https://www. investopedia. com/terms/d/disruptive-technology.asp.

[28] HAIDT J, WILSON D. The grand theory of business from charles darwin. Forbes[EB/OL]. (2013-10-11)[2020-01-01]. https://www.forbes.com/sites/darwinatwork/2013/10/11/the-grand-theory-of-business-from-charles-darwin/ #1a6237846528.

[29] SCHONFELD J J. Innovation and leadership-guide for an innovative eco-system, politie, dutch national police[R]. 2015.

[30] PIETSCH B. Global drone market estimated to reach $14 billion over next decade: Study. Reuters[EB/OL]. (2019-07-17) [2020-01-01]. https://uk. reuters. com/article/us-usa-security-drones/global-drone-market-estimated-to-reach-14-billion-over-next-decade-study-idUKKCN 1UC2MU.

[31] European union terrorism situation and trend report 2019. Europol[EB/OL].(2019-06-27) [2020-01-01]. https://www. europol. europa. eu/activities-services/main-reports/terrorism-situation-and-trend-report-2019-te-sat.

[32] Internal security fund-police: Union actions, directorate-migration and home affairs. European Commission[EB/OL].(2020)[2021-01-01]. https://ec. europa. eu/home-affairs/financing/fundings/security-and-safeguarding-liberties/internal-security-fund-police/union-actions_en.

[33] University of applied sciences for public administration in bavaria. Study in Hof-Presentation of the University of Applied Sciences[EB/OL]. (2020) [2021-01-01]. https://www.aiv.hfoed.de/en/international/study-in-hof.html.

[34] Profile of the european institute. European Institute[EB/OL]. (2020) [2021-01-01]. http://www. europeaninstitute.bg/en/page.php?c=14.

[35] Welcome to KEMEA. Center for Security Studies (KEMEA)[EB/OL].(2020)[2021-01-01]. http://www.kemea. gr/en/kemea/about-kemea.

[36] RiniGARD smart technology. About Us[EB/OL].(2020)[2021-01-01]. https://rinigard.com/.

[37] Welcome to saher Europe: Research, training, consultancy. Saher Europe[EB/OL]. (2020)

[2021-01-01]. http://www.saher-eu.com.

[38]   Velika Gorica, University of Applied Sciences. Welcome to the university of applied sciences. Velika Gorica [EB/OL].(2020)[2021-01-01]. https://www.vvg.hr. In Croatia.

[39]   National Aerospace Technology Programme (NATEP). NATEP project DENI at SCTX2016 [EB/OL].(2016)[2020-01-01]. http://www.natep.org.uk/SCTX2016.

[40]   DeNI (Detection, Evaluation, Neutralisation and Investigation) training course: Countering rogue drones training. Rinicom and Saher[EB/OL]. (2019-09-16) [2020-01-01]. https://rinicom.com/wp-content/uploads/2019/09/DeNI-Training-Brochure-MERGED-Updated-16.09.2019-ONLINE-.pdf.

[41]   DeNI rogue drone training course. Rinicom[EB/OL]. (2019) [2020-01-01]. https://rinicom.com/drone-detection/deni-rogue-drone-training/.

[42]   MALIK Y. Counter-drone system procurement training. Defence iQ[EB/OL]. (2020-03) [2021-01-01]. https://www. defenceiq. com/events-countering-drones/.

[43]   JOHNSON J. Heathrow protest thwarted as police use radiowaves to jam extinction rebellion group drones. The Telegraph[EB/OL].(2019-09-13)[2021-01-01]. https://www.telegraph.co.uk/news/2019/09/13/two-arrested-within-grounds-heathrow-extinction-rebellion-group/.

[44]   Executive summary: The retail value of transnational crime. Global Financial Integrity[EB/OL]. (2017-03) [2020-01-01]. https://www. gfintegrity. org/wp-content/uploads/2017/03/Transnational_Crime-final-_exec-summary.pdf.

致　　谢

没有任何技术书籍仅靠作者一个人就可以完成,本书也不例外。我们非常荣幸地得到许多人的帮助和支持,没有他们,这本书就不可能完成。我们要感谢:

Rinicom公司所有的同事,特别是 Sean Sonander 博士、Denis Kolev 博士、Hassan Girach 博士、James Barnes 博士、Soren Sudby 博士以及 Natasha McCrone 博士;

Saher-UK 和 Saher-Europe 公司所有的同事,特别是主管 Dave Fortune、Andrew Brown 以及 Meredydd Hughes CBE QPM。

英国国家航空航天技术计划(NATEP)资助了检测、评估、压制和识别(DENI)项目,该项目的实施为本书奠定了坚实的科学基础和研究证据基础。感谢我们的所有客户和合作伙伴,他们分享了有关系统的信息和深刻见解,并为本书提供了宝贵的意见和建议。最后,我们还要感谢 Artech House 在本书编写过程中所提供的耐心、专业的支持和指导。

加里克·马卡里安
安德鲁·斯坦尼福斯
2020年12月